초등 수학의 기본은

신기한
연산왕

A-3

초1
수준

수학 학력 평가의 새로운 기준!

KMA 한국수학학력평가

현직 교수, 박사급 출제위원!

빅데이터 평가분석!

1:1 KMA 평가 전문 상담!

평가 일시 : 매년 상반기 6월, 하반기 11월 실시

참가 대상	초등 1학년 ~ 중등 3학년 (상급학년 응시가능)
신청 방법	1) KMA 홈페이지에서 온라인 접수 2) 해당지역 KMA 학원 접수처 3) 기타 문의 ☎ 070-4861-4832
홈페이지	www.kma-e.com

※ 상세한 내용은 홈페이지에서 확인해 주세요.

주 최 | 한국수학학력평가 연구원   주 관 | ㈜에듀왕

KMA 대비서

초등 수학의 기본은 연산력!!

신기한
연산왕

A-3 초1 수준

구성과 특징

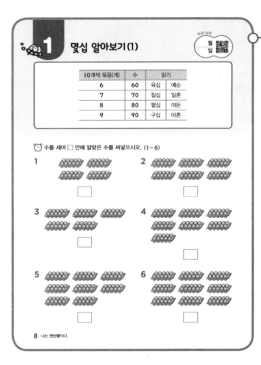

1 몇십 알아보기 (1)

10개씩 묶음(개)	수	읽기	
6	60	육십	예순
7	70	칠십	일흔
8	80	팔십	여든
9	90	구십	아흔

⏰ 수를 세어 □ 안에 알맞은 수를 써넣으시오. (1~6)

1

2

3

4

5

6

8 나는 연산왕이다.

원리+익힘

연산의 원리를 쉽게 이해하고 빠르고 정확한
계산 능력을 얻을 수 있도록 구성하였습니다.

신기한 연산

연산 능력과 창의사고력 향상이 동시에 이루
어질 수 있는 문제로 구성하여 계산 능력과
창의사고력이 저절로 향상될 수 있도록 구성
하였습니다.

6 신기한 연산

⏰ 수 배열표를 보고 □ 안에 알맞은 수를 써넣으시오. (1~6)

51	52	53	54	55	56	57	58	59	60
61	62	63	64	65	66	67	68	69	70
71	72	73	74	75	76	77	78	79	80
81	82	83	84	85	86	87	88	89	90
91	92	93	94	95	96	97	98	99	100

1 수 배열표에서 오른쪽(→) 방향으로는 수가 □씩 커집니다.

2 수 배열표에서 왼쪽(←) 방향으로는 수가 □씩 작아집니다.

3 수 배열표에서 아랫쪽(↓) 방향으로는 수가 □씩 커집니다.

4 수 배열표에서 오른쪽 대각선(＼) 방향으로는 수가 □씩 커집니다.

5 수 배열표에서 왼쪽 대각선(／) 방향으로는 수가 □씩 커집니다.

6 수 배열표에서 짝수는 □개이고, 홀수는 □개입니다.

32 나는 연산왕이다.

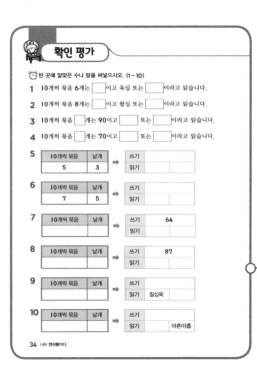

확인 평가

⏰ 빈 곳에 알맞은 수나 말을 써넣으시오. (1~10)

1 10개씩 묶음 6개는 □이고 육십 또는 □이라고 읽습니다.

2 10개씩 묶음 8개는 □이고 팔십 또는 □이라고 읽습니다.

3 10개씩 묶음 □개는 90이고 □ 또는 □이라고 읽습니다.

4 10개씩 묶음 □개는 70이고 □ 또는 □이라고 읽습니다.

5

10개씩 묶음	낱개
5	3

➡

쓰기	
읽기	

6

10개씩 묶음	낱개
7	5

➡

쓰기	
읽기	

7

10개씩 묶음	낱개

➡

쓰기	64
읽기	

8

10개씩 묶음	낱개

➡

쓰기	87
읽기	

9

10개씩 묶음	낱개

➡

쓰기	
읽기	칠십육

10

10개씩 묶음	낱개

➡

쓰기	
읽기	아흔아홉

34 나는 연산왕이다.

확인평가

단원을 마무리하면서 익힌 내용을 평가하여
자신의 실력을 알아볼 수 있도록 구성하였습
니다.

 # 크라운 온라인 단원 평가는?

크라운 온라인 평가는?

단원별 학습한 내용을 올바르게 학습하였는지 실시간 점검할 수 있는 온라인 평가 입니다.

- 온라인 평가는 매단원별 25문제로 출제 되었습니다
- 평가 시간은 30분이며 시험 시간이 지나면 문제를 풀 수 없습니다
- 온라인 평가를 통해 100점을 받으시면 크라운 1개를 획득할 수 있습니다.

온라인 평가 방법

에듀왕닷컴 접속 www.eduwang.com	메인 상단 메뉴에서 단원평가 클릭	단계 및 단원 선택
신규 회원 가입 또는 로그인	닷컴 메인 메뉴에서 단원 평가 클릭	평가하고자 하는 단계와 단원을 선택

크라운 확인	온라인 단원 평가 종료	온라인 단원 평가 실시
마이페이지에서 크라운 확인 후 크라운 사용	종료 후 실시간 평가 결과 확인	30분 동안 평가 실시

유의사항

- 평가 시작 전 종이와 연필을 준비하시고 인터넷 및 와이파이 신호를 꼭 확인하시기 바랍니다
- 단원평가는 최초 1회에 한하여 크라운이 반영됩니다. (중복 평가 시 크라운 미 반영)
- 각 단원 평가를 통해 100점을 받으시면 크라운 1개를 드리며, 획득하신 크라운으로 에듀왕닷컴에서 판매하고 있는 교재 및 서비스를 무료로 구매 하실 수 있습니다 (크라운 1개 – 1,000원)

연산왕 단계별 학습 내용

A-1 (초1수준)
1. 9까지의 수
2. 9까지의 수를 모으고 가르기
3. 덧셈과 뺄셈

A-2 (초1수준)
1. 19까지의 수
2. 50까지의 수
3. 50까지의 수의 덧셈과 뺄셈

A-3 (초1수준)
1. 100까지의 수
2. 덧셈
3. 뺄셈

A-4 (초1수준)
1. 두 자리 수의 혼합 계산
2. 두 수의 덧셈과 뺄셈
3. 세 수의 덧셈과 뺄셈

B-1 (초2수준)
1. 세 자리 수
2. 받아올림이 한 번 있는 덧셈
3. 받아올림이 두 번 있는 덧셈

B-2 (초2수준)
1. 받아내림이 한 번 있는 뺄셈
2. 받아내림이 두 번 있는 뺄셈
3. 덧셈과 뺄셈의 관계

B-3 (초2수준)
1. 네 자리 수
2. 세 자리 수와 두 자리 수의 덧셈과 뺄셈
3. 세 수의 계산

B-4 (초2수준)
1. 곱셈구구
2. 길이의 계산
3. 시각과 시간

차례

1

100까지의 수

몇십 알아보기 (1)

10개씩 묶음(개)	수	읽기	
6	60	육십	예순
7	70	칠십	일흔
8	80	팔십	여든
9	90	구십	아흔

⏰ 수를 세어 □ 안에 알맞은 수를 써넣으시오. (1~6)

1
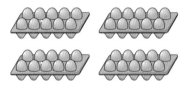
□

2

□

3
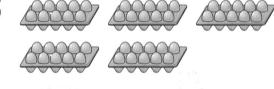
□

4
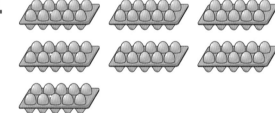
□

5
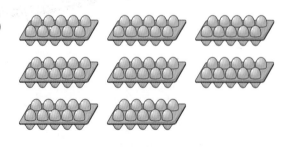
□

6
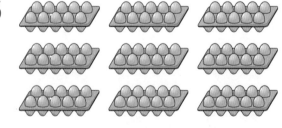
□

⏰ 수를 세어 □ 안에 알맞은 수를 써넣으시오. (7 ~ 10)

7

10개씩 묶음이 □ 개이므로

□ 입니다.

8

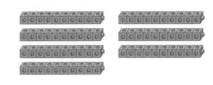

10개씩 묶음이 □ 개이므로

□ 입니다.

9

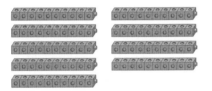

10개씩 묶음이 □ 개이므로

□ 입니다.

10

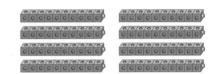

10개씩 묶음이 □ 개이므로

□ 입니다.

⏰ 구슬의 수를 세어 쓰고 읽어 보시오. (11 ~ 14)

11

쓰기	
읽기	

12

쓰기	
읽기	

13

쓰기	
읽기	

14

쓰기	
읽기	

1 몇십 알아보기(2)

⏰ □ 안에 알맞은 수나 말을 써넣으시오. (1~8)

1 10개씩 묶음 **7**개는 [   ]이고 칠십 또는 [   ]이라고 읽습니다.

2 10개씩 묶음 **6**개는 [   ]이고 육십 또는 [   ]이라고 읽습니다.

3 10개씩 묶음 **9**개는 [   ]이고 구십 또는 [   ]이라고 읽습니다.

4 10개씩 묶음 **8**개는 [   ]이고 팔십 또는 [   ]이라고 읽습니다.

5 10개씩 묶음 [   ]개는 **60**이고 [   ] 또는 [   ]이라고 읽습니다.

6 10개씩 묶음 [   ]개는 **80**이고 [   ] 또는 [   ]이라고 읽습니다.

7 10개씩 묶음 [   ]개는 **70**이고 [   ] 또는 [   ]이라고 읽습니다.

8 10개씩 묶음 [   ]개는 **90**이고 [   ] 또는 [   ]이라고 읽습니다.

🕐 빈칸에 알맞은 수나 말을 써넣으시오. (9 ~ 26)

9
쓰기	70	
읽기		

10
쓰기	60	
읽기		

11
쓰기	90	
읽기		

12
쓰기	80	
읽기		

13
쓰기	20	
읽기		

14
쓰기	50	
읽기		

15
쓰기		
읽기	육십	

16
쓰기		
읽기	구십	

17
쓰기		
읽기	팔십	

18
쓰기		
읽기	삼십	

19
쓰기		
읽기	칠십	

20
쓰기		
읽기	사십	

21
쓰기		
읽기		쉰

22
쓰기		
읽기		아흔

23
쓰기		
읽기		스물

24
쓰기		
읽기		일흔

25
쓰기		
읽기		예순

26
쓰기		
읽기		여든

2 99까지의 수 알아보기 (1)

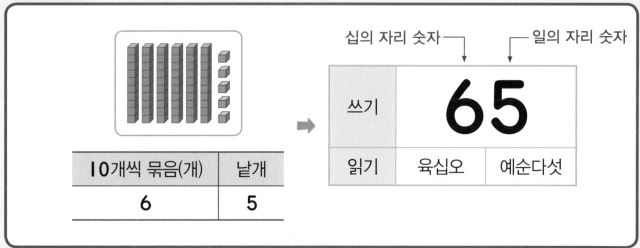

10개씩 묶음(개)	낱개
6	5

	십의 자리 숫자	일의 자리 숫자
쓰기	**65**	
읽기	육십오	예순다섯

⏰ 빈 곳에 알맞은 수를 써넣으시오. (1~6)

1

10개씩 묶음 5개	낱개 7개	수

2

10개씩 묶음 6개	낱개 2개	수

3

10개씩 묶음 7개	낱개 4개	수

4

10개씩 묶음 6개	낱개 8개	수

5

10개씩 묶음 8개	낱개 6개	수

6

10개씩 묶음 7개	낱개 9개	수

계산은 빠르고 정확하게!

걸린 시간	1~3분	3~5분	5~7 분
맞은 개수	13~14개	10~12개	1~9개
평가	참 잘했어요.	잘했어요.	좀더 노력해요.

 □ 안에 알맞은 수를 써넣으시오. (7 ~ 14)

7

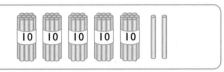

10개씩 묶음	낱개
5	2
➡ □

8

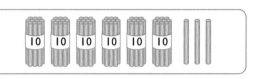

10개씩 묶음	낱개
6	3
➡ □

9

10개씩 묶음	낱개
8	1
➡ □

10

10개씩 묶음	낱개
7	3
➡ □

11

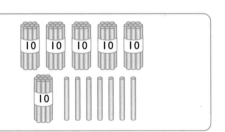

10개씩 묶음	낱개
6	7
➡ □

12

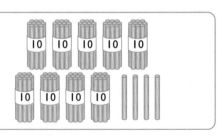

10개씩 묶음	낱개
9	4
➡ □

13

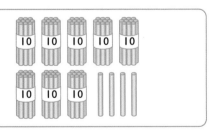

10개씩 묶음	낱개
8	4
➡ □

14

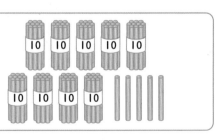

10개씩 묶음	낱개
9	5
➡ □

⏰ □ 안에 알맞은 수를 써넣으시오. (1~12)

1

10개씩 묶음	낱개
5	3

➡ □

2

10개씩 묶음	낱개
7	5

➡ □

3

10개씩 묶음	낱개
6	8

➡ □

4

10개씩 묶음	낱개
5	9

➡ □

5

10개씩 묶음	낱개
8	6

➡ □

6

10개씩 묶음	낱개
9	4

➡ □

7

10개씩 묶음	낱개
7	7

➡ □

8

10개씩 묶음	낱개
8	3

➡ □

9

10개씩 묶음	낱개
9	2

➡ □

10

10개씩 묶음	낱개
6	1

➡ □

11

10개씩 묶음	낱개
5	6

➡ □

12

10개씩 묶음	낱개
7	2

➡ □

계산은 빠르고 정확하게!

걸린 시간	1~4분	4~6분	6~8분
맞은 개수	22~24개	17~21개	1~16개
평가	참 잘했어요.	잘했어요.	좀더 노력해요.

 □ 안에 알맞은 수를 써넣으시오. (13 ~ 24)

13

10개씩 묶음	낱개
6	3

➡ [ ]

14

10개씩 묶음	낱개
7	6

➡ [ ]

15

10개씩 묶음	낱개
8	8

➡ [ ]

16

10개씩 묶음	낱개
5	5

➡ [ ]

17

10개씩 묶음	낱개
6	9

➡ [ ]

18

10개씩 묶음	낱개
7	3

➡ [ ]

19

10개씩 묶음	낱개
8	5

➡ [ ]

20

10개씩 묶음	낱개
9	7

➡ [ ]

21

10개씩 묶음	낱개
9	9

➡ [ ]

22

10개씩 묶음	낱개
5	1

➡ [ ]

23

10개씩 묶음	낱개
7	8

➡ [ ]

24

10개씩 묶음	낱개
9	3

➡ [ ]

2 99까지의 수 알아보기(3)

학습 날짜

월   일

🕐 빈 곳에 알맞은 수나 말을 써넣으시오. (1~8)

1

10개씩 묶음	낱개
5	4

➡

쓰기	
읽기	

2

10개씩 묶음	낱개
6	3

➡

쓰기	
읽기	

3

10개씩 묶음	낱개
7	2

➡

쓰기	
읽기	

4

10개씩 묶음	낱개
8	1

➡

쓰기	
읽기	

5

10개씩 묶음	낱개
9	5

➡

쓰기	
읽기	

6

10개씩 묶음	낱개
8	6

➡

쓰기	
읽기	

7

10개씩 묶음	낱개
7	7

➡

쓰기	
읽기	

8

10개씩 묶음	낱개
9	3

➡

쓰기	
읽기	

🕐 빈 곳에 알맞은 수나 말을 써넣으시오. (9~16)

9

10개씩 묶음	낱개

➡

쓰기	74	
읽기		

10

10개씩 묶음	낱개

➡

쓰기	82	
읽기		

11

10개씩 묶음	낱개

➡

쓰기		
읽기	구십사	

12

10개씩 묶음	낱개

➡

쓰기		
읽기	오십칠	

13

10개씩 묶음	낱개

➡

쓰기		
읽기	구십구	

14

10개씩 묶음	낱개

➡

쓰기		
읽기		예순하나

15

10개씩 묶음	낱개

➡

쓰기		
읽기		일흔셋

16

10개씩 묶음	낱개

➡

쓰기		
읽기		여든넷

3 수의 순서 알아보기(1)

수를 순서대로 쓰면 1씩 커집니다.

| 100 |

1씩 커집니다. →

51	52	53	54	55	56	57	58	59	60
61	62	63	64	65	66	67	68	69	70
71	72	73	74	75	76	77	78	79	80
81	82	83	84	85	86	87	88	89	90
91	92	93	94	95	96	97	98	99	100

← 1씩 작아집니다.

- 99보다 1 큰 수를 100이라고 합니다.
- 100은 백이라고 읽습니다.

⏰ 수의 순서에 맞게 빈 곳에 알맞은 수를 써넣으시오. (1~5)

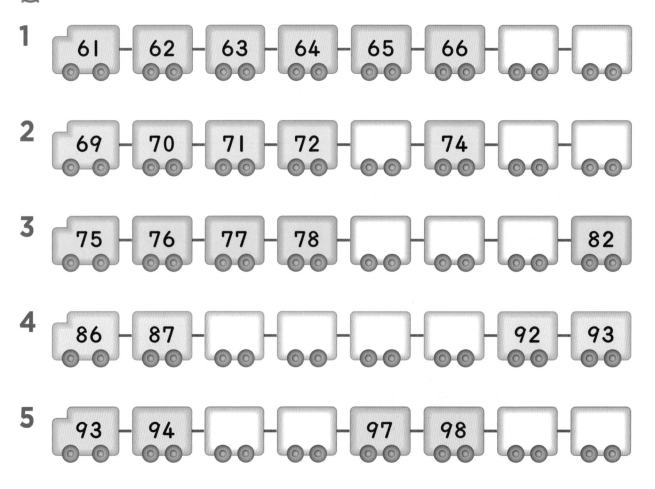

1 61 — 62 — 63 — 64 — 65 — 66 — ☐ — ☐

2 69 — 70 — 71 — 72 — ☐ — 74 — ☐ — ☐

3 75 — 76 — 77 — 78 — ☐ — ☐ — ☐ — 82

4 86 — 87 — ☐ — ☐ — ☐ — ☐ — 92 — 93

5 93 — 94 — ☐ — ☐ — 97 — 98 — ☐ — ☐

⏰ 수의 순서에 맞게 빈 곳에 알맞은 수를 써넣으시오. (6 ~ 19)

6 53 ⬜ 55 ⬜ 57

7 62 63 ⬜ 65 ⬜

8 74 75 ⬜ ⬜ 78

9 58 ⬜ ⬜ 61 62

10 85 86 ⬜ ⬜ 89

11 66 67 68 ⬜ ⬜

12 77 78 ⬜ ⬜ 81

13 96 ⬜ 98 ⬜ ⬜

14 57 58 ⬜ ⬜ ⬜

15 59 ⬜ 61 ⬜ ⬜

16 ⬜ 88 ⬜ ⬜ 91

17 ⬜ ⬜ 71 72 ⬜

18 ⬜ 90 ⬜ 92 ⬜

19 67 ⬜ 69 ⬜ ⬜

3 수의 순서 알아보기(2)

학습 날짜

월   일

⏰ 빈 곳에 알맞은 수를 써넣으시오. (1 ~ 12)

1 1 작은 수   1 큰 수

63

2 1 작은 수   1 큰 수

68

3 1 작은 수   1 큰 수
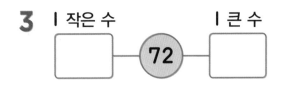
72

4 1 작은 수   1 큰 수
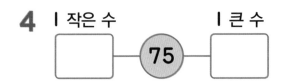
75

5 1 작은 수   1 큰 수
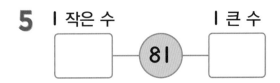
81

6 1 작은 수   1 큰 수
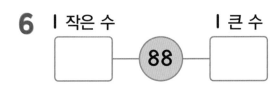
88

7 1 작은 수   1 큰 수
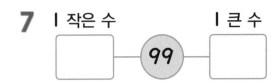
99

8 1 작은 수   1 큰 수
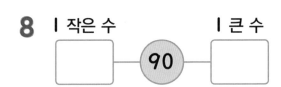
90

9 1 작은 수   1 큰 수
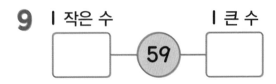
59

10 1 작은 수   1 큰 수
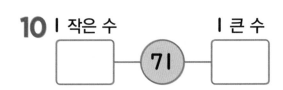
71

11 1 작은 수   1 큰 수
80

12 1 작은 수   1 큰 수
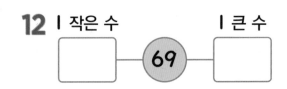
69

계산은 빠르고 정확하게!

걸린 시간	1~5분	5~7분	7~10분
맞은 개수	22~24개	17~21개	1~16개
평가	참 잘했어요.	잘했어요.	좀더 노력해요.

⏰ 빈 곳에 알맞은 수를 써넣으시오. (13 ~ 24)

13
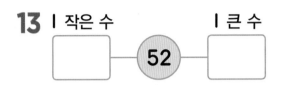

14
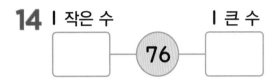

15
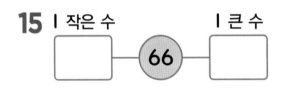

16
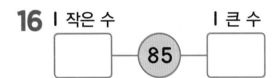

17
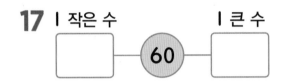

18
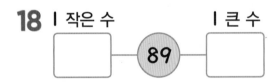

19
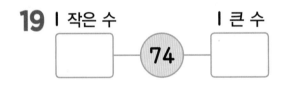

20
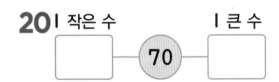

21
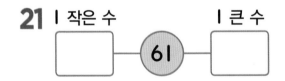

22
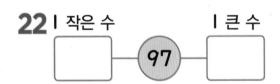

23
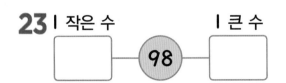

24
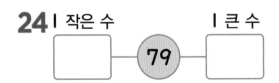

4 수의 크기 비교하기(1)

- 10개씩 묶음의 수가 다를 때에는 10개씩 묶음의 수가 큰 쪽이 큰 수입니다.

> 76은 69보다 큽니다. ➡ 76>69
> 7>6

- 10개씩 묶음의 수가 같을 때에는 낱개의 수가 큰 쪽이 큰 수입니다.

> 81은 87보다 작습니다. ➡ 81<87
> 1<7

⏰ 그림을 보고 알맞은 말에 ◯표 하시오. (1~3)

1
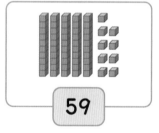
59

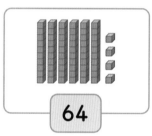
64

- 59는 64보다 (큽니다 , 작습니다).
- 64는 59보다 (큽니다 , 작습니다).

2
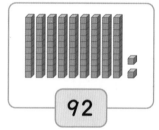
92

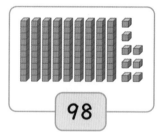
98

- 92는 98보다 (큽니다 , 작습니다).
- 98은 92보다 (큽니다 , 작습니다).

3
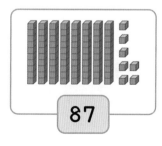
87

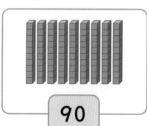
90

- 87은 90보다 (큽니다 , 작습니다).
- 90은 87보다 (큽니다 , 작습니다).

⏰ 수의 크기를 비교하여 ○ 안에 >, <를 알맞게 써넣으시오. (4~27)

4 50 ○ 53   **5** 54 ○ 52   **6** 63 ○ 65

7 72 ○ 64   **8** 58 ○ 75   **9** 59 ○ 70

10 73 ○ 76   **11** 82 ○ 80   **12** 94 ○ 92

13 75 ○ 59   **14** 67 ○ 81   **15** 70 ○ 58

16 66 ○ 75   **17** 78 ○ 80   **18** 91 ○ 94

19 82 ○ 86   **20** 65 ○ 63   **21** 81 ○ 79

22 77 ○ 82   **23** 69 ○ 82   **24** 89 ○ 92

25 59 ○ 68   **26** 83 ○ 80   **27** 67 ○ 70

4 수의 크기 비교하기(2)

학습 날짜
월   일

⏰ 가운데 수보다 큰 수를 모두 찾아 ◯표 하시오. (1~8)

1

```
      69 | 81
   71 | 74 | 78
      75 | 65
```

2

```
      94 | 87
   98 | 95 | 96
     100 | 89
```

3

```
      92 | 89
   70 | 79 | 76
      80 | 68
```

4

```
      64 | 85
   79 | 83 | 80
      87 | 94
```

5

```
      69 | 70
   96 | 78 | 85
      73 | 91
```

6

```
      59 | 77
   65 | 68 | 63
      82 | 74
```

7

```
      68 | 90
   77 | 85 | 63
      87 | 92
```

8

```
      55 | 83
   60 | 69 | 66
      77 | 71
```

⏰ 가운데 수보다 작은 수를 모두 찾아 ○표 하시오. (9 ~ 16)

9
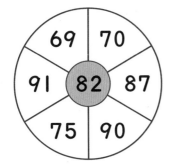

10
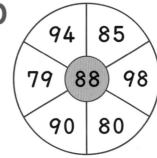

11
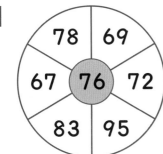

12
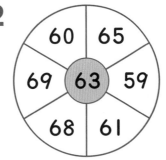

13
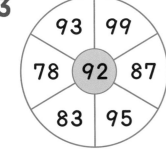

14
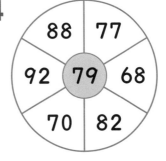

15
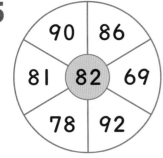

16
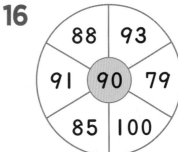

4 수의 크기 비교하기(3)

🕐 가장 큰 수에 ○표 하시오. (1~12)

1
84   80   76

2
95   89   78

3
67   82   75

4
58   74   67

5
90   92   79

6
85   90   78

7
73   68   80

8
72   80   87

9
83   72   80

10
87   96   79

11
89   99   100

12
60   50   52

가장 작은 수에 ○표 하시오. (13 ~ 24)

13   82   80   90

14   70   69   81

15   88   93   85

16   86   74   67

17   83   85   92

18   75   80   91

19   72   80   91

20   86   83   90

21   80   93   78

22   83   76   74

23   100   69   72

24   91   80   85

5 짝수와 홀수 알아보기(1)

- 짝수: **2, 4, 6, 8, 10,** …과 같이 둘씩 짝을 지을 수 있는 수
- 홀수: **1, 3, 5, 7, 9,** …와 같이 둘씩 짝을 지을 수 없는 수

⬤⬤ ⬤⬤ ➡ **4** : 짝수   ⬤⬤ ⬤ ➡ **3** : 홀수

⏰ 딸기의 수를 세어 ☐ 안에 알맞은 수를 써넣고, 알맞은 말에 ○표 하시오. (1~8)

1
  ☐ 개

(짝수 , 홀수)

2
☐ 개

(짝수 , 홀수)

3
  ☐ 개

(짝수 , 홀수)

4
 ☐ 개

(짝수 , 홀수)

5
  ☐ 개

(짝수 , 홀수)

6
  ☐ 개

(짝수 , 홀수)

7
 ☐ 개

(짝수 , 홀수)

8
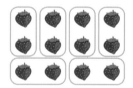 ☐ 개

(짝수 , 홀수)

계산은 빠르고 정확하게!

걸린 시간	1~4분	4~6분	6~8분
맞은 개수	15~16개	11~14개	1~10개
평가	참 잘했어요.	잘했어요.	좀더 노력해요.

⏰ 구슬의 수를 세어 □ 안에 알맞은 수를 써넣고, 알맞은 말에 ○표 하시오. (9 ~ 16)

9

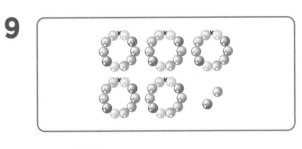

□ ➡ (짝수 , 홀수)

10

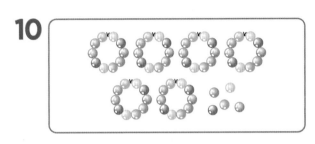

□ ➡ (짝수 , 홀수)

11

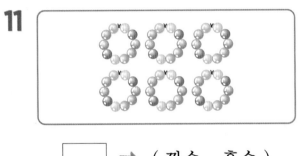

□ ➡ (짝수 , 홀수)

12

□ ➡ (짝수 , 홀수)

13

□ ➡ (짝수 , 홀수)

14

□ ➡ (짝수 , 홀수)

15

□ ➡ (짝수 , 홀수)

16

□ ➡ (짝수 , 홀수)

4 짝수와 홀수 알아보기 (2)

🕐 짝수에 ○표, 홀수에 △표를 하고 □ 안에 알맞은 수를 써넣으시오. (1~6)

1

| 1 | 2 | 3 | 4 | 5 | 6 | 7 | 8 | 9 |

➡ 짝수의 개수 : ☐ 개, 홀수의 개수 : ☐ 개

2

| 13 | 16 | 14 | 11 | 15 | 18 | 19 | 17 | 20 | 12 |

➡ 짝수의 개수 : ☐ 개, 홀수의 개수 : ☐ 개

3

| 24 | 28 | 21 | 25 | 30 | 33 | 27 | 23 | 35 | 36 |

➡ 짝수의 개수 : ☐ 개, 홀수의 개수 : ☐ 개

4

| 40 | 50 | 43 | 52 | 55 | 47 | 58 | 49 | 51 | 54 |

➡ 짝수의 개수 : ☐ 개, 홀수의 개수 : ☐ 개

5

| 56 | 65 | 72 | 70 | 61 | 64 | 59 | 74 | 58 | 60 |

➡ 짝수의 개수 : ☐ 개, 홀수의 개수 : ☐ 개

6

| 80 | 87 | 83 | 92 | 95 | 89 | 96 | 85 | 94 | 100 |

➡ 짝수의 깨수 : ☐ 개, 홀수의 개수 : ☐ 개

🕐 다음 수 배열에서 알맞은 수를 찾아 ☐ 안에 써넣으시오. (7~10)

7

23	24	25	26	27	28
29	30	31	32	33	34
35	36	37	38	39	40

- 가장 작은 짝수 : ☐
- 가장 큰 홀수 : ☐

8

67	68	69	70	71	72
73	74	75	76	77	78
79	80	81	82	83	84

- 가장 작은 짝수 : ☐
- 가장 큰 홀수 : ☐

9

5	10	15	20	25	30
35	40	45	50	55	60
65	70	75	80	85	90

- 가장 작은 짝수 : ☐
- 가장 큰 홀수 : ☐

10

55	81	56	80	57	79
58	78	59	77	60	76
61	75	62	74	63	73
64	72	65	71	66	70

- 가장 작은 짝수 : ☐
- 가장 작은 홀수 : ☐
- 가장 큰 짝수 : ☐
- 가장 큰 홀수 : ☐

⏰ 수 배열표를 보고 □ 안에 알맞은 수를 써넣으시오. **(1~6)**

51	52	53	54	55	56	57	58	59	60
61	62	63	64	65	66	67	68	69	70
71	72	73	74	75	76	77	78	79	80
81	82	83	84	85	86	87	88	89	90
91	92	93	94	95	96	97	98	99	100

1 수 배열표에서 오른쪽(→) 방향으로는 수가 □ 씩 커집니다.

2 수 배열표에서 왼쪽(←) 방향으로는 수가 □ 씩 작아집니다.

3 수 배열표에서 아랫쪽(↓) 방향으로는 수가 □ 씩 커집니다.

4 수 배열표에서 오른쪽 대각선(↘) 방향으로는 수가 □ 씩 커집니다.

5 수 배열표에서 왼쪽 대각선(↗) 방향으로는 수가 □ 씩 커집니다.

6 수 배열표에서 짝수는 □ 개이고, 홀수는 □ 개입니다.

계산은 빠르고 정확하게!

걸린 시간	1~8분	8~12분	12~16분
맞은 개수	11~12개	8~10개	1~7개
평가	참 잘했어요.	잘했어요.	좀더 노력해요.

⏰ □ 안에 들어갈 수 있는 숫자를 모두 찾아 ○표 하시오. (7~12)

7

$$55 - \boxed{} > 52$$

1   2   3   4   5
6   7   8   9

8

$$62 + \boxed{} < 68$$

1   2   3   4   5
6   7   8   9

9

$$\boxed{}8 - 2 < 75$$

1   2   3   4   5
6   7   8   9

10

$$\boxed{}4 + 5 < 82$$

1   2   3   4   5
6   7   8   9

11

$$8\boxed{} - 3 > 81$$

1   2   3   4   5
6   7   8   9

12

$$6\boxed{} + 4 < 70$$

1   2   3   4   5
6   7   8   9

확인 평가

🕐 빈 곳에 알맞은 수나 말을 써넣으시오. (1~10)

1 10개씩 묶음 **6**개는 [ ]이고 육십 또는 [ ]이라고 읽습니다.

2 10개씩 묶음 **8**개는 [ ]이고 팔십 또는 [ ]이라고 읽습니다.

3 10개씩 묶음 [ ]개는 **90**이고 [ ] 또는 [ ]이라고 읽습니다.

4 10개씩 묶음 [ ]개는 **70**이고 [ ] 또는 [ ]이라고 읽습니다.

5

10개씩 묶음	낱개
5	3

➡

쓰기		
읽기		

6

10개씩 묶음	낱개
7	5

➡

쓰기		
읽기		

7

10개씩 묶음	낱개

➡

쓰기	64	
읽기		

8

10개씩 묶음	낱개

➡

쓰기	87	
읽기		

9

10개씩 묶음	낱개

➡

쓰기		
읽기	칠십육	

10

10개씩 묶음	낱개

➡

쓰기		
읽기		아흔아홉

⏰ 수의 순서에 맞게 빈 곳에 알맞은 수를 써넣으시오. (11 ~ 18)

11 61 — ☐ — 63 — ☐ — 65

12 72 — 73 — ☐ — ☐ — ☐

13 56 — ☐ — 58 — ☐ — ☐

14 87 — ☐ — 89 — ☐ — ☐

15 ☐ — 70 — ☐ — 72 — ☐

16 ☐ — ☐ — 80 — 81 — ☐

17 ☐ — 90 — 91 — ☐ — ☐

18 ☐ — 97 — 98 — ☐ — ☐

⏰ 주어진 수보다 1 큰 수와 1 작은 수를 빈 곳에 써넣으시오. (19 ~ 24)

19 57 ➡

1 큰 수	1 작은 수

20 70 ➡

1 큰 수	1 작은 수

21 69 ➡

1 큰 수	1 작은 수

22 83 ➡

1 큰 수	1 작은 수

23 91 ➡

1 큰 수	1 작은 수

24 99 ➡

1 큰 수	1 작은 수

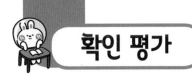

⏰ 그림을 보고 알맞은 말에 ○표 하시오. (25 ~ 26)

25
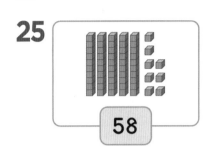

- 58은 63보다
  (큽니다 , 작습니다).
- 63은 58보다
  (큽니다 , 작습니다).

26
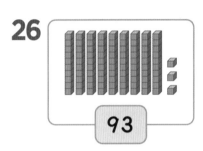

- 93은 97보다
  (큽니다 , 작습니다).
- 97은 93보다
  (큽니다 , 작습니다).

⏰ 가장 큰 수에 ○표, 가장 작은 수에 △표 하시오. (27 ~ 30)

27
| 81 | 87 | 79 |

28
| 90 | 88 | 85 |

29
| 59 | 70 | 73 |

30
| 79 | 100 | 92 |

31 짝수에 ○표, 홀수에 △표를 하고 □ 안에 알맞은 수를 써넣으시오.

23 32 33 40 45 52 55 70 76

➡ 짝수의 개수 : ☐ 개, 홀수의 개수 : ☐ 개

2

덧셈

1 (몇십)+(몇), (몇)+(몇십) 알아보기 (1)

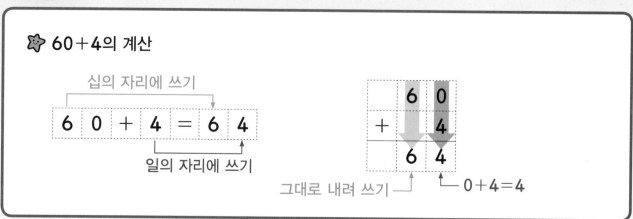

⭐ 60+4의 계산

십의 자리에 쓰기

6 0 + 4 = 6 4

일의 자리에 쓰기

$$\begin{array}{r} 6\ 0 \\ +\ \ \ 4 \\ \hline 6\ 4 \end{array}$$

그대로 내려 쓰기 └─ 0+4=4

⏰ 그림을 보고 계산을 하시오. (1~6)

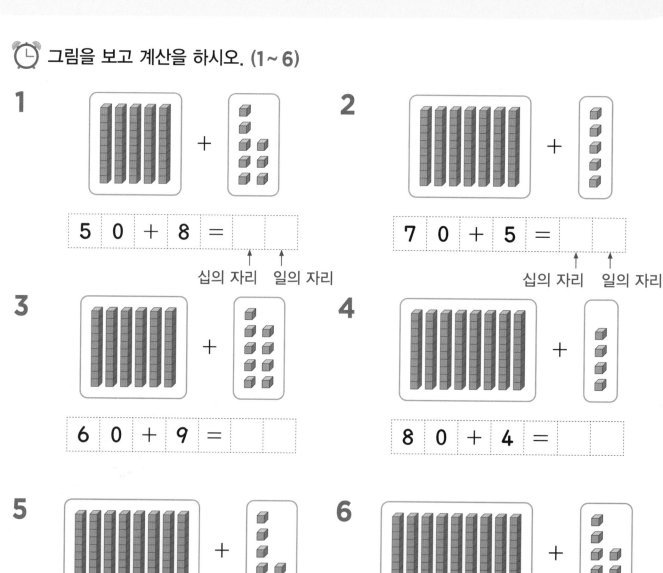

1

5 0 + 8 =

십의 자리   일의 자리

2

7 0 + 5 =

십의 자리   일의 자리

3

6 0 + 9 =

4

8 0 + 4 =

5

8 0 + 7 =

6

9 0 + 8 =

⏰ 계산을 하시오. (7 ~ 21)

7
```
    5 0
  +   3
```

8
```
    8 0
  +   5
```

9
```
    6 0
  +   7
```

10
```
    9 0
  +   7
```

11
```
    7 0
  +   6
```

12
```
    8 0
  +   9
```

13
```
    7 0
  +   2
```

14
```
    6 0
  +   3
```

15
```
    5 0
  +   5
```

16
```
    9 0
  +   6
```

17
```
    8 0
  +   2
```

18
```
    7 0
  +   8
```

19
```
    6 0
  +   2
```

20
```
    7 0
  +   3
```

21
```
    9 0
  +   5
```

⏰ 계산을 하시오. (1~20)

1 50+6=□

2 60+8=□

3 70+4=□

4 80+3=□

5 90+2=□

6 50+1=□

7 60+7=□

8 70+9=□

9 80+8=□

10 90+5=□

11 30+6=□

12 40+8=□

13 50+4=□

14 60+2=□

15 70+3=□

16 80+9=□

17 90+1=□

18 70+7=□

19 80+2=□

20 90+8=□

🕐 계산을 하시오. (21 ~ 35)

21
$$\begin{array}{r} 2\ 0 \\ +\ \ \ 3 \\ \hline \square \end{array}$$

22
$$\begin{array}{r} 3\ 0 \\ +\ \ \ 5 \\ \hline \square \end{array}$$

23
$$\begin{array}{r} 4\ 0 \\ +\ \ \ 7 \\ \hline \square \end{array}$$

24
$$\begin{array}{r} 5\ 0 \\ +\ \ \ 9 \\ \hline \square \end{array}$$

25
$$\begin{array}{r} 6\ 0 \\ +\ \ \ 1 \\ \hline \square \end{array}$$

26
$$\begin{array}{r} 7\ 0 \\ +\ \ \ 2 \\ \hline \square \end{array}$$

27
$$\begin{array}{r} 8\ 0 \\ +\ \ \ 4 \\ \hline \square \end{array}$$

28
$$\begin{array}{r} 9\ 0 \\ +\ \ \ 6 \\ \hline \square \end{array}$$

29
$$\begin{array}{r} 3\ 0 \\ +\ \ \ 8 \\ \hline \square \end{array}$$

30
$$\begin{array}{r} 4\ 0 \\ +\ \ \ 5 \\ \hline \square \end{array}$$

31
$$\begin{array}{r} 5\ 0 \\ +\ \ \ 7 \\ \hline \square \end{array}$$

32
$$\begin{array}{r} 6\ 0 \\ +\ \ \ 9 \\ \hline \square \end{array}$$

33
$$\begin{array}{r} 7\ 0 \\ +\ \ \ 8 \\ \hline \square \end{array}$$

34
$$\begin{array}{r} 8\ 0 \\ +\ \ \ 6 \\ \hline \square \end{array}$$

35
$$\begin{array}{r} 9\ 0 \\ +\ \ \ 9 \\ \hline \square \end{array}$$

⏰ 계산을 하시오. (1~20)

1 2+50=

2 5+60=

3 7+70=

4 9+80=

5 3+90=

6 8+50=

7 8+60=

8 6+70=

9 2+80=

10 1+90=

11 5+50=

12 7+60=

13 4+70=

14 3+50=

15 4+60=

16 2+70=

17 6+80=

18 8+90=

19 6+50=

20 3+60=

⏰ 계산을 하시오. (21 ~ 35)

21
```
    6
+ 6 0
─────
```

22
```
    7
+ 5 0
─────
```

23
```
    5
+ 7 0
─────
```

24
```
    9
+ 6 0
─────
```

25
```
    3
+ 8 0
─────
```

26
```
    5
+ 9 0
─────
```

27
```
    1
+ 5 0
─────
```

28
```
    7
+ 8 0
─────
```

29
```
    8
+ 7 0
─────
```

30
```
    2
+ 9 0
─────
```

31
```
    4
+ 5 0
─────
```

32
```
    9
+ 7 0
─────
```

33
```
    3
+ 7 0
─────
```

34
```
    5
+ 8 0
─────
```

35
```
    7
+ 9 0
─────
```

(몇십몇)+(몇), (몇)+(몇십몇) 알아보기 (1)

① 일의 자리 숫자끼리 더하여 일의 자리에 씁니다.

② 십의 자리 숫자는 그대로 십의 자리에 씁니다.

㉔ **52+6**의 계산

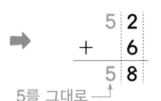

① 2+6=8 — 일의 자리에 쓰기

5 2 + 6 = 5 8

② 십의 자리에 쓰기

① 일의 자리 계산

```
    5 2
  +   6
  ────
      8
```
2+6=8 →

② 십의 자리 계산

```
    5 2
  +   6
  ────
    5 8
```
5를 그대로 내려 쓰기

⏰ 그림을 보고 계산을 하시오. (1~6)

1
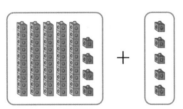

5 4 + 5 =

2
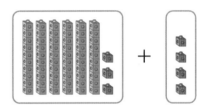

6 3 + 4 =

3
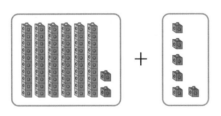

6 2 + 6 =

4
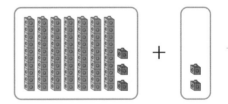

7 3 + 2 =

5
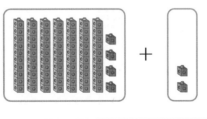

7 4 + 2 =

6
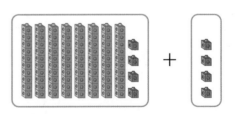

8 4 + 4 =

⏰ **계산을 하시오. (7 ~ 21)**

7
```
    6 3
  +   5
```

8
```
    7 2
  +   3
```

9
```
    8 2
  +   7
```

10
```
    9 2
  +   4
```

11
```
    8 1
  +   2
```

12
```
    6 2
  +   4
```

13
```
    6 5
  +   2
```

14
```
    5 1
  +   5
```

15
```
    7 5
  +   3
```

16
```
    9 3
  +   2
```

17
```
    8 7
  +   2
```

18
```
    7 3
  +   4
```

19
```
    6 4
  +   2
```

20
```
    5 5
  +   4
```

21
```
    9 1
  +   3
```

🕐 계산을 하시오. (1 ~ 20)

1 53+2=□

2 64+3=□

3 74+5=□

4 85+1=□

5 96+2=□

6 57+2=□

7 66+3=□

8 75+3=□

9 84+3=□

10 93+4=□

11 55+2=□

12 64+4=□

13 73+2=□

14 82+5=□

15 92+2=□

16 54+4=□

17 63+2=□

18 72+5=□

19 81+3=□

20 92+6=□

🕐 계산을 하시오. (21 ~ 35)

21
```
  5 4
+   2
─────
```

22
```
  6 3
+   5
─────
```

23
```
  7 2
+   4
─────
```

24
```
  8 1
+   6
─────
```

25
```
  9 2
+   5
─────
```

26
```
  5 5
+   3
─────
```

27
```
  6 4
+   4
─────
```

28
```
  7 3
+   3
─────
```

29
```
  8 2
+   7
─────
```

30
```
  9 3
+   4
─────
```

31
```
  5 6
+   2
─────
```

32
```
  6 5
+   4
─────
```

33
```
  7 4
+   3
─────
```

34
```
  8 3
+   5
─────
```

35
```
  9 1
+   7
─────
```

⏰ 계산을 하시오. (1~20)

1 3+51=☐

2 2+63=☐

3 4+72=☐

4 3+84=☐

5 5+93=☐

6 4+52=☐

7 3+64=☐

8 5+73=☐

9 4+85=☐

10 6+91=☐

11 7+51=☐

12 8+61=☐

13 2+74=☐

14 5+83=☐

15 3+95=☐

16 2+55=☐

17 6+72=☐

18 7+81=☐

19 4+64=☐

20 4+73=☐

⏰ 계산을 하시오. (21~35)

21
```
    2
+ 5 4
─────
```

22
```
    3
+ 6 2
─────
```

23
```
    4
+ 7 4
─────
```

24
```
    5
+ 8 1
─────
```

25
```
    6
+ 9 2
─────
```

26
```
    7
+ 5 1
─────
```

27
```
    3
+ 7 2
─────
```

28
```
    4
+ 8 3
─────
```

29
```
    5
+ 9 1
─────
```

30
```
    6
+ 5 3
─────
```

31
```
    7
+ 6 1
─────
```

32
```
    4
+ 7 5
─────
```

33
```
    5
+ 8 2
─────
```

34
```
    3
+ 9 3
─────
```

35
```
    2
+ 6 7
─────
```

⏰ □ 안에 알맞은 수를 써넣으시오. (1 ~ 10)

1 53
+2
□

2 62
+4
□

3 75
+3
□

4 86
+2
□

5 94
+5
□

6 54
+2
□

7 62
+5
□

8 71
+7
□

9 83
+3
□

10 95
+3
□

계산은 빠르고 정확하게!

걸린 시간	1~4분	4~6분	6~8분
맞은 개수	19~20개	14~18개	1~13개
평가	참 잘했어요.	잘했어요.	좀더 노력해요.

⏰ □ 안에 알맞은 수를 써넣으시오. (11 ~ 20)

11
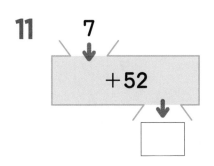

12
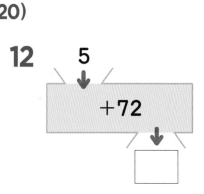

13
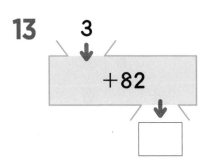

14
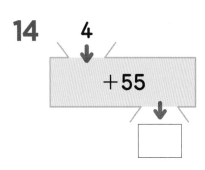

15
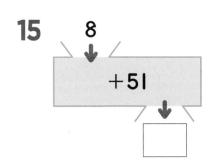

16
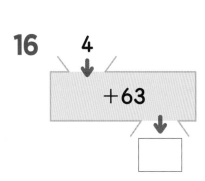

17
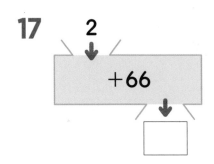

18
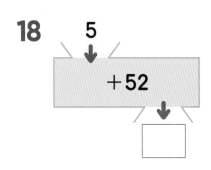

19
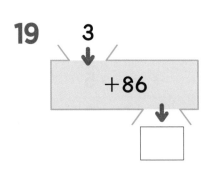

20
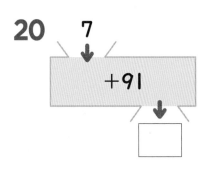

2 (몇십몇)+(몇), (몇)+(몇십몇) 알아보기(5)

⏰ □ 안에 알맞은 수를 써넣으시오. (1 ~ 15)

1
```
    5 □
  +   2
  ─────
    5 7
```

2
```
    6 □
  +   3
  ─────
    6 4
```

3
```
    7 □
  +   4
  ─────
    7 8
```

4
```
    8 □
  +   3
  ─────
    8 8
```

5
```
    9 □
  +   5
  ─────
    9 7
```

6
```
    6 □
  +   6
  ─────
    6 8
```

7
```
    5 2
  +   □
  ─────
    5 6
```

8
```
    6 3
  +   □
  ─────
    6 6
```

9
```
    7 4
  +   □
  ─────
    7 9
```

10
```
    8 5
  +   □
  ─────
    8 7
```

11
```
    9 6
  +   □
  ─────
    9 9
```

12
```
    6 2
  +   □
  ─────
    6 7
```

13
```
    5 □
  +   4
  ─────
    5 8
```

14
```
    6 □
  +   2
  ─────
    6 4
```

15
```
    7 □
  +   5
  ─────
    7 8
```

⏰ □ 안에 알맞은 수를 써넣으시오. (16 ~ 30)

16
```
    □
+  5 2
─────
   5 7
```

17
```
    □
+  6 2
─────
   6 6
```

18
```
    □
+  7 4
─────
   7 7
```

19
```
    □
+  8 3
─────
   8 5
```

20
```
    □
+  9 5
─────
   9 8
```

21
```
    □
+  5 4
─────
   5 5
```

22
```
     3
+  6 □
─────
   6 8
```

23
```
     5
+  7 □
─────
   7 6
```

24
```
     2
+  8 □
─────
   8 7
```

25
```
     2
+  9 □
─────
   9 9
```

26
```
     3
+  5 □
─────
   5 8
```

27
```
     3
+  6 □
─────
   6 7
```

28
```
    □
+  7 1
─────
   7 5
```

29
```
    □
+  8 6
─────
   8 7
```

30
```
    □
+  9 2
─────
   9 5
```

3 (몇십)+(몇십) 알아보기 (1)

① 일의 자리에 **0**을 씁니다.

② 십의 자리 숫자끼리 더하여 십의 자리에 씁니다.

⑩ **20＋30**의 계산

① 일의 자리 계산

```
  2 0
+ 3 0
─────
    0
```

② 십의 자리 계산

```
  2 0
+ 3 0
─────
  5 0
```
2＋3＝5

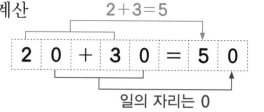

2＋3＝5

$20 + 30 = 50$

일의 자리는 0

⏰ 계산을 하시오. (1~9)

1
```
  2 0
+ 4 0
─────
```

2
```
  3 0
+ 5 0
─────
```

3
```
  5 0
+ 2 0
─────
```

4
```
  3 0
+ 2 0
─────
```

5
```
  6 0
+ 2 0
─────
```

6
```
  2 0
+ 7 0
─────
```

7
```
  6 0
+ 1 0
─────
```

8
```
  3 0
+ 3 0
─────
```

9
```
  2 0
+ 2 0
─────
```

🕐 계산을 하시오. (10 ~ 29)

10 | 1 | 0 | + | 2 | 0 | = | | |

11 | 1 | 0 | + | 8 | 0 | = | | |

12 | 1 | 0 | + | 4 | 0 | = | | |

13 | 1 | 0 | + | 5 | 0 | = | | |

14 | 4 | 0 | + | 2 | 0 | = | | |

15 | 3 | 0 | + | 6 | 0 | = | | |

16 | 4 | 0 | + | 4 | 0 | = | | |

17 | 4 | 0 | + | 3 | 0 | = | | |

18 | 5 | 0 | + | 1 | 0 | = | | |

19 | 7 | 0 | + | 1 | 0 | = | | |

20 | 5 | 0 | + | 3 | 0 | = | | |

21 | 2 | 0 | + | 6 | 0 | = | | |

22 | 7 | 0 | + | 2 | 0 | = | | |

23 | 2 | 0 | + | 5 | 0 | = | | |

24 | 1 | 0 | + | 7 | 0 | = | | |

25 | 3 | 0 | + | 4 | 0 | = | | |

26 | 3 | 0 | + | 1 | 0 | = | | |

27 | 1 | 0 | + | 6 | 0 | = | | |

28 | 4 | 0 | + | 5 | 0 | = | | |

29 | 6 | 0 | + | 3 | 0 | = | | |

⏰ 계산을 하시오. (1~15)

1
```
   1 0
 + 2 0
 ─────
 □
```

2
```
   2 0
 + 3 0
 ─────
 □
```

3
```
   3 0
 + 4 0
 ─────
 □
```

4
```
   4 0
 + 5 0
 ─────
 □
```

5
```
   1 0
 + 3 0
 ─────
 □
```

6
```
   2 0
 + 4 0
 ─────
 □
```

7
```
   3 0
 + 5 0
 ─────
 □
```

8
```
   1 0
 + 4 0
 ─────
 □
```

9
```
   2 0
 + 5 0
 ─────
 □
```

10
```
   3 0
 + 6 0
 ─────
 □
```

11
```
   7 0
 + 2 0
 ─────
 □
```

12
```
   6 0
 + 2 0
 ─────
 □
```

13
```
   5 0
 + 4 0
 ─────
 □
```

14
```
   4 0
 + 3 0
 ─────
 □
```

15
```
   7 0
 + 1 0
 ─────
 □
```

⏰ 계산을 하시오. (16 ~ 35)

16 $10+50=$ ☐

17 $20+60=$ ☐

18 $20+10=$ ☐

19 $40+40=$ ☐

20 $50+10=$ ☐

21 $20+20=$ ☐

22 $60+10=$ ☐

23 $40+10=$ ☐

24 $40+20=$ ☐

25 $30+20=$ ☐

26 $60+30=$ ☐

27 $10+80=$ ☐

28 $10+70=$ ☐

29 $30+10=$ ☐

30 $50+30=$ ☐

31 $10+60=$ ☐

32 $20+70=$ ☐

33 $80+10=$ ☐

34 $50+20=$ ☐

35 $30+30=$ ☐

(몇십)+(몇십) 알아보기(3)

⏰ □ 안에 알맞은 수를 써넣으시오. (1 ~ 16)

1 20+30=10+□

2 30+40=20+□

3 10+50=20+□

4 20+60=30+□

5 40+10=□+30

6 30+30=□+20

7 50+30=□+20

8 60+20=□+10

9 20+70=30+□

10 30+50=10+□

11 40+40=20+□

12 10+50=30+□

13 20+40=□+10

14 30+50=□+40

15 60+30=□+40

16 50+20=□+30

⏰ □ 안에 알맞은 수를 써넣으시오. (17 ~ 32)

17 $20 + \boxed{} = 30 + 40$

18 $10 + \boxed{} = 20 + 60$

19 $30 + \boxed{} = 20 + 60$

20 $40 + \boxed{} = 50 + 30$

21 $\boxed{} + 40 = 20 + 70$

22 $\boxed{} + 30 = 40 + 50$

23 $\boxed{} + 20 = 30 + 40$

24 $\boxed{} + 10 = 20 + 40$

25 $50 + \boxed{} = 10 + 70$

26 $60 + \boxed{} = 30 + 50$

27 $70 + \boxed{} = 30 + 60$

28 $40 + \boxed{} = 20 + 30$

29 $\boxed{} + 50 = 70 + 20$

30 $\boxed{} + 60 = 30 + 40$

31 $\boxed{} + 40 = 80 + 10$

32 $\boxed{} + 30 = 60 + 10$

4 (몇십몇)+(몇십몇) 알아보기 (1)

① 일의 자리 숫자끼리 더하여 일의 자리에 씁니다.

② 십의 자리 숫자끼리 더하여 십의 자리에 씁니다.

㉠ **34+23**의 계산

① 일의 자리 계산

```
  3 4
+ 2 3
    7
```
4+3=7 →

② 십의 자리 계산

```
  3 4
+ 2 3
  5 7
```
3+2=5 →

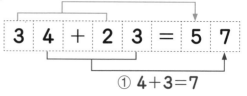

② 3+2=5

| 3 | 4 | + | 2 | 3 | = | 5 | 7 |

① 4+3=7

⏰ 계산을 하시오. (1~9)

1
```
  2 5
+ 2 2
```

2
```
  3 5
+ 2 1
```

3
```
  2 4
+ 3 3
```

4
```
  3 4
+ 3 1
```

5
```
  4 3
+ 2 6
```

6
```
  4 4
+ 3 5
```

7
```
  2 2
+ 1 7
```

8
```
  2 3
+ 4 4
```

9
```
  3 1
+ 2 7
```

걸린 시간	1~6분	6~8분	8~10분
맞은 개수	24~25개	18~23개	1~17개
평가	참 잘했어요.	잘했어요.	좀더 노력해요.

⏰ 계산을 하시오. (10~25)

10 | 2 | 5 | + | 1 | 3 | = | | |

11 | 2 | 6 | + | 3 | 2 | = | | |

12 | 2 | 4 | + | 1 | 2 | = | | |

13 | 1 | 3 | + | 2 | 4 | = | | |

14 | 2 | 4 | + | 2 | 5 | = | | |

15 | 3 | 4 | + | 1 | 1 | = | | |

16 | 2 | 6 | + | 4 | 2 | = | | |

17 | 2 | 2 | + | 2 | 4 | = | | |

18 | 2 | 2 | + | 1 | 7 | = | | |

19 | 4 | 3 | + | 3 | 1 | = | | |

20 | 5 | 2 | + | 2 | 4 | = | | |

21 | 6 | 3 | + | 1 | 5 | = | | |

22 | 6 | 5 | + | 2 | 2 | = | | |

23 | 7 | 4 | + | 1 | 5 | = | | |

24 | 4 | 4 | + | 3 | 4 | = | | |

25 | 6 | 3 | + | 3 | 3 | = | | |

4 (몇십몇)+(몇십몇) 알아보기(2)

⏰ 계산을 하시오. (1~15)

1
```
    2 3
  + 2 2
  -----
```

2
```
    2 4
  + 4 2
  -----
```

3
```
    3 5
  + 2 2
  -----
```

4
```
    3 7
  + 3 2
  -----
```

5
```
    4 1
  + 2 5
  -----
```

6
```
    4 4
  + 3 3
  -----
```

7
```
    5 2
  + 2 5
  -----
```

8
```
    5 5
  + 3 2
  -----
```

9
```
    6 5
  + 2 4
  -----
```

10
```
    6 3
  + 1 6
  -----
```

11
```
    4 7
  + 2 1
  -----
```

12
```
    3 8
  + 5 1
  -----
```

13
```
    7 3
  + 2 5
  -----
```

14
```
    8 2
  + 1 7
  -----
```

15
```
    6 6
  + 1 2
  -----
```

⏰ 계산을 하시오. (16 ~ 35)

16 $14+42=$ ☐

17 $36+13=$ ☐

18 $57+21=$ ☐

19 $24+31=$ ☐

20 $61+34=$ ☐

21 $18+61=$ ☐

22 $42+23=$ ☐

23 $62+25=$ ☐

24 $22+34=$ ☐

25 $42+56=$ ☐

26 $64+13=$ ☐

27 $23+16=$ ☐

28 $44+22=$ ☐

29 $72+15=$ ☐

30 $25+44=$ ☐

31 $46+41=$ ☐

32 $75+22=$ ☐

33 $26+52=$ ☐

34 $52+33=$ ☐

35 $77+22=$ ☐

4 (몇십몇)+(몇십몇) 알아보기 (3)

학습 날짜
월   일

□ 안에 알맞은 수를 써넣으시오. (1~10)

1 14
+42
□

2 21
+35
□

3 15
+33
□

4 23
+31
□

5 17
+52
□

6 36
+52
□

7 22
+66
□

8 41
+54
□

9 24
+45
□

10 44
+52
□

계산은 빠르고 정확하게!

걸린 시간	1~5분	5~8분	8~10분
맞은 개수	20~22개	15~19개	1~14개
평가	참 잘했어요.	잘했어요.	좀더 노력해요.

□ 안에 알맞은 수를 써넣으시오. (11 ~ 22)

11 42 → +15 → □

12 57 → +21 → □

13 64 → +32 → □

14 62 → +26 → □

15 55 → +13 → □

16 76 → +22 → □

17 62 → +35 → □

18 71 → +16 → □

19 44 → +25 → □

20 83 → +15 → □

21 35 → +14 → □

22 53 → +24 → □

⏰ □ 안에 알맞은 수를 써넣으시오. (1 ~ 15)

1
```
  □ 2
+ 2 5
─────
  6 7
```

2
```
  □ 2
+ 3 6
─────
  5 8
```

3
```
  □ 5
+ 2 3
─────
  7 8
```

4
```
  4 □
+ 2 4
─────
  6 5
```

5
```
  3 □
+ 3 6
─────
  6 8
```

6
```
  3 □
+ 2 2
─────
  5 8
```

7
```
  3 4
+ □ 3
─────
  6 7
```

8
```
  7 3
+ □ 6
─────
  9 9
```

9
```
  2 1
+ □ 5
─────
  7 6
```

10
```
  6 1
+ 2 □
─────
  8 5
```

11
```
  3 4
+ 4 □
─────
  7 9
```

12
```
  4 3
+ 2 □
─────
  6 9
```

13
```
  □ 3
+ 2 5
─────
  5 8
```

14
```
  4 □
+ 1 3
─────
  5 5
```

15
```
  2 5
+ □ 2
─────
  6 7
```

⏰ □ 안에 알맞은 수를 써넣으시오. (16 ~ 35)

16 $32+4\boxed{}=76$

17 $25+3\boxed{}=58$

18 $16+3\boxed{}=49$

19 $34+4\boxed{}=75$

20 $24+\boxed{}3=67$

21 $33+\boxed{}5=68$

22 $42+\boxed{}5=87$

23 $35+\boxed{}3=78$

24 $3\boxed{}+22=56$

25 $4\boxed{}+34=79$

26 $5\boxed{}+42=99$

27 $6\boxed{}+25=88$

28 $\boxed{}3+23=66$

29 $\boxed{}3+34=87$

30 $\boxed{}5+23=58$

31 $\boxed{}7+42=79$

32 $42+3\boxed{}=73$

33 $51+3\boxed{}=89$

34 $32+\boxed{}4=86$

35 $43+\boxed{}6=99$

5 신기한 연산

학습 날짜
월
일

⏰ 보기 를 참고하여 빈 곳에 알맞은 수를 써넣으시오. (1~8)

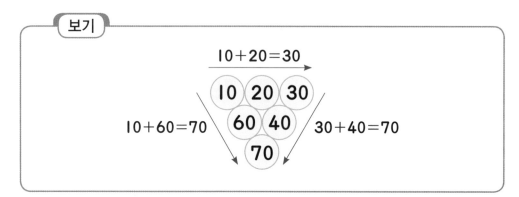

보기

$10+20=30$

10 20 30
60 40
70

$10+60=70$ $30+40=70$

1
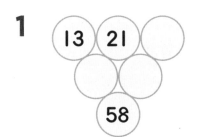

13 21
58

2
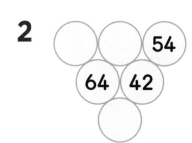

54
64 42

3
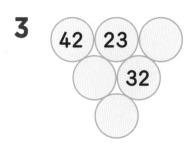

42 23
32

4
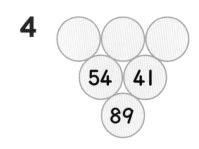

54 41
89

5
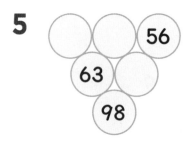

56
63
98

6
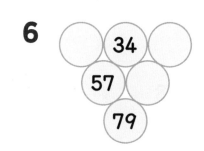

34
57
79

7
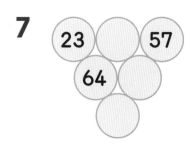

23   57
64

8
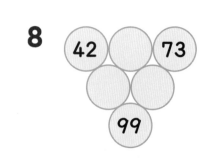

42   73
99

9 다음 식에서 ♥는 얼마인지 구하시오. (단, 같은 모양은 같은 수를 나타냅니다.)

$13 + \blacksquare = 37$ $\blacksquare + \triangle = 56$ $\triangle + 16 = \heartsuit$

♥ = ☐

10 다음 식에서 ■는 얼마인지 구하시오. (단, 같은 모양은 같은 수를 나타냅니다.)

$\heartsuit + \heartsuit = 44$ $\triangle + \heartsuit = 68$ $\blacksquare + \blacksquare = \triangle$

■ = ☐

11 다음 식에서 ▲는 얼마인지 구하시오. (단, 같은 모양은 같은 수를 나타냅니다.)

$21 + 32 = \blacksquare$ $13 + \blacksquare = \heartsuit$ $\triangle + \triangle = \heartsuit$

▲ = ☐

12 다음 식에서 ●는 얼마인지 구하시오. (단, 같은 모양은 같은 수를 나타냅니다.)

$\triangle + 13 = \blacksquare$ $\triangle + \triangle = 68$ $\blacksquare + 51 = \bigcirc$

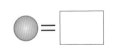

● = ☐

확인 평가

🕐 그림을 보고 계산을 하시오. (1~2)

1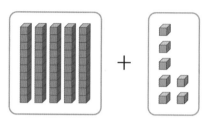

$50+7=\boxed{}$

2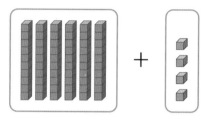

$60+4=\boxed{}$

🕐 □ 안에 알맞은 수를 써넣으시오. (3~12)

3 $80+3=\boxed{}$　　　　**4** $5+70=\boxed{}$

5 $53+2=\boxed{}$　　　　**6** $4+62=\boxed{}$

7
$$\begin{array}{r} 6\,0 \\ +\ \ 8 \\ \hline \boxed{} \end{array}$$

8
$$\begin{array}{r} 7\,0 \\ +\ \ 2 \\ \hline \boxed{} \end{array}$$

9
$$\begin{array}{r} 7 \\ +\ 8\,0 \\ \hline \boxed{} \end{array}$$

10
$$\begin{array}{r} 5\,4 \\ +\ \ 3 \\ \hline \boxed{} \end{array}$$

11
$$\begin{array}{r} 6\,2 \\ +\ \ 6 \\ \hline \boxed{} \end{array}$$

12
$$\begin{array}{r} 5 \\ +\ 7\,4 \\ \hline \boxed{} \end{array}$$

 □ 안에 알맞은 수를 써넣으시오. (13 ~ 26)

13
$$\begin{array}{r} 5\ 2 \\ +\ \boxed{} \\ \hline 5\ 6 \end{array}$$

14
$$\begin{array}{r} 6\ 3 \\ +\ \boxed{} \\ \hline 6\ 6 \end{array}$$

15
$$\begin{array}{r} 7\ 5 \\ +\ \boxed{} \\ \hline 7\ 7 \end{array}$$

16
$$\begin{array}{r} 2\ 0 \\ +\ 3\ 0 \\ \hline \boxed{} \end{array}$$

17
$$\begin{array}{r} 3\ 0 \\ +\ 4\ 0 \\ \hline \boxed{} \end{array}$$

18
$$\begin{array}{r} 4\ 0 \\ +\ 5\ 0 \\ \hline \boxed{} \end{array}$$

19 $20+40=\boxed{}$

20 $30+50=\boxed{}$

21 $50+20=\boxed{}$

22 $60+30=\boxed{}$

23 $30+20=10+\boxed{}$

24 $50+20=30+\boxed{}$

25 $20+\boxed{}=30+60$

26 $40+\boxed{}=70+10$

🕐 □ 안에 알맞은 수를 써넣으시오. (27 ~ 40)

27
```
    3 2
  + 4 4
  ─────
  □□
```

28
```
    4 5
  + 2 3
  ─────
  □□
```

29
```
    5 4
  + 3 4
  ─────
  □□
```

30
```
  □ 4
  + 2 3
  ─────
  6 7
```

31
```
    3 3
  + 4 □
  ─────
  7 6
```

32
```
  5 □
  + 3 4
  ─────
  8 9
```

33 $25+32=$ □

34 $34+45=$ □

35 $53+22=$ □

36 $64+35=$ □

37 $43+2$□$=67$

38 $34+4$□$=78$

39 5□$+32=84$

40 6□$+34=98$

3

뺄셈

(몇십)-(몇십) 알아보기 (1)

① 일의 자리 숫자 0은 그대로 내려 씁니다.

② 십의 자리 숫자끼리 빼어 십의 자리에 씁니다.

$$5 - 3 = 2$$

$$50 - 30 = 20$$

일의 자리는 0

5−3=2 → 그대로 내려 쓰기

⏰ 계산을 하시오. (1~9)

1

	4	0
−	2	0

2

	5	0
−	2	0

3

	7	0
−	3	0

4

	6	0
−	3	0

5

	7	0
−	2	0

6

	8	0
−	4	0

7

	7	0
−	1	0

8

	8	0
−	3	0

9

	9	0
−	6	0

🕐 계산을 하시오. (10 ~ 29)

10　$50 - 40 =$

11　$70 - 50 =$

12　$40 - 10 =$

13　$80 - 10 =$

14　$60 - 40 =$

15　$90 - 50 =$

16　$60 - 50 =$

17　$40 - 30 =$

18　$90 - 20 =$

19　$50 - 10 =$

20　$80 - 50 =$

21　$90 - 40 =$

22　$70 - 60 =$

23　$60 - 10 =$

24　$80 - 60 =$

25　$90 - 80 =$

26　$60 - 20 =$

27　$70 - 40 =$

28　$80 - 70 =$

29　$90 - 70 =$

⏰ 계산을 하시오. (1 ~ 15)

1
```
  2 0
− 1 0
```

2
```
  3 0
− 2 0
```

3
```
  4 0
− 2 0
```

4
```
  5 0
− 2 0
```

5
```
  6 0
− 1 0
```

6
```
  7 0
− 5 0
```

7
```
  8 0
− 2 0
```

8
```
  9 0
− 6 0
```

9
```
  3 0
− 1 0
```

10
```
  4 0
− 3 0
```

11
```
  5 0
− 4 0
```

12
```
  6 0
− 2 0
```

13
```
  7 0
− 1 0
```

14
```
  8 0
− 5 0
```

15
```
  9 0
− 7 0
```

⏰ 계산을 하시오. (16 ~ 35)

16 40−10=☐

17 50−10=☐

18 50−30=☐

19 60−30=☐

20 60−40=☐

21 60−50=☐

22 70−20=☐

23 80−10=☐

24 90−20=☐

25 70−30=☐

26 80−30=☐

27 90−30=☐

28 70−40=☐

29 80−40=☐

30 90−40=☐

31 70−60=☐

32 80−60=☐

33 90−50=☐

34 80−70=☐

35 90−10=☐

(몇십)-(몇십) 알아보기 (3)

학습 날짜

월   일

⏰ □ 안에 알맞은 수를 써넣으시오. (1~10)

1 30
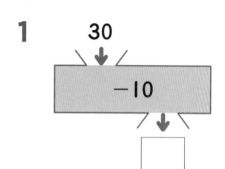

2 40
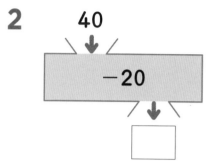

3 50
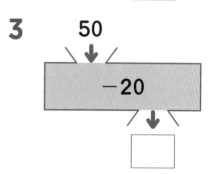

4 60
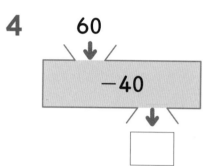

5 80
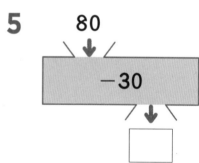

6 80
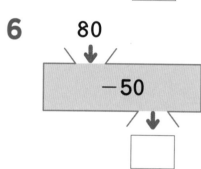

7 70
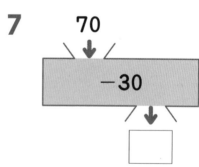

8 60
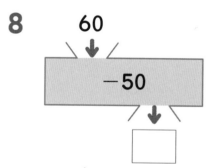

9 90
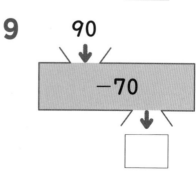

10 50
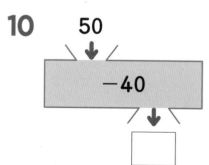

계산은 빠르고 정확하게!

걸린 시간	1~4분	4~6분	6~8분
맞은 개수	20~22개	15~19개	1~14개
평가	참 잘했어요.	잘했어요.	좀더 노력해요.

□ 안에 알맞은 수를 써넣으시오. (11 ~ 22)

11
80 → −10 → □

12
70 → −60 → □

13
60 → −20 → □

14
90 → −40 → □

15
80 → −20 → □

16
90 → −20 → □

17
70 → −50 → □

18
90 → −60 → □

19
80 → −40 → □

20
70 → −10 → □

21
60 → −30 → □

22
90 → −50 → □

1 (몇십)-(몇십) 알아보기(4)

⏰ □ 안에 알맞은 수를 써넣으시오. (1~20)

1 $40-20=70-\boxed{}$

2 $50-40=40-\boxed{}$

3 $30-20=50-\boxed{}$

4 $60-30=80-\boxed{}$

5 $50-30=70-\boxed{}$

6 $70-40=50-\boxed{}$

7 $60-50=40-\boxed{}$

8 $80-20=70-\boxed{}$

9 $50-10=80-\boxed{}$

10 $70-50=40-\boxed{}$

11 $80-50=50-\boxed{}$

12 $90-60=70-\boxed{}$

13 $60-10=90-\boxed{}$

14 $70-20=90-\boxed{}$

15 $80-30=60-\boxed{}$

16 $90-50=80-\boxed{}$

17 $60-20=90-\boxed{}$

18 $70-30=80-\boxed{}$

19 $80-70=50-\boxed{}$

20 $90-40=70-\boxed{}$

□ 안에 알맞은 수를 써넣으시오. (21 ~ 40)

21 $20+30=70-\boxed{}$

22 $10+20=60-\boxed{}$

23 $30+10=60-\boxed{}$

24 $50+10=80-\boxed{}$

25 $30+20=80-\boxed{}$

26 $40+20=90-\boxed{}$

27 $30+30=70-\boxed{}$

28 $50+20=90-\boxed{}$

29 $40+30=80-\boxed{}$

30 $40+40=90-\boxed{}$

31 $50+30=90-\boxed{}$

32 $30+40=90-\boxed{}$

33 $20+50=80-\boxed{}$

34 $20+40=80-\boxed{}$

35 $30+30=90-\boxed{}$

36 $40+10=70-\boxed{}$

37 $50+10=90-\boxed{}$

38 $20+30=60-\boxed{}$

39 $10+30=80-\boxed{}$

40 $10+70=90-\boxed{}$

2 (몇십몇)-(몇) 알아보기 (1)

① 일의 자리 숫자끼리 빼어 일의 자리에 씁니다.

② 십의 자리 숫자는 그대로 내려 씁니다.

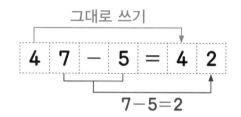

⏰ 계산을 하시오. (1~9)

1

	3	6
−		4

2

	5	7
−		5

3

	4	9
−		5

4

	6	3
−		2

5

	5	8
−		4

6

	8	7
−		5

7

	6	9
−		4

8

	7	7
−		3

9

	9	5
−		3

⏰ 계산을 하시오. (10 ~ 29)

10 3 9 − 5 =

11 5 7 − 4 =

12 7 6 − 5 =

13 6 3 − 2 =

14 4 3 − 2 =

15 7 7 − 5 =

16 6 9 − 7 =

17 5 9 − 6 =

18 5 4 − 2 =

19 6 8 − 3 =

20 6 6 − 3 =

21 6 7 − 2 =

22 7 5 − 3 =

23 8 9 − 7 =

24 9 9 − 4 =

25 9 4 − 2 =

26 5 6 − 3 =

27 6 5 − 2 =

28 7 6 − 4 =

29 8 8 − 5 =

2 (몇십몇)-(몇) 알아보기 (2)

⏰ 계산을 하시오. (1~15)

1
```
   2 7
 -   5
```

2
```
   3 6
 -   4
```

3
```
   4 5
 -   2
```

4
```
   5 4
 -   3
```

5
```
   6 3
 -   1
```

6
```
   7 9
 -   2
```

7
```
   8 4
 -   3
```

8
```
   7 5
 -   4
```

9
```
   6 6
 -   2
```

10
```
   5 8
 -   6
```

11
```
   4 9
 -   5
```

12
```
   3 7
 -   6
```

13
```
   7 7
 -   5
```

14
```
   8 7
 -   3
```

15
```
   9 8
 -   6
```

⏰ 계산을 하시오. (16 ~ 35)

16 34−3=□

17 46−3=□

18 55−3=□

19 64−2=□

20 78−5=□

21 85−4=□

22 76−4=□

23 68−2=□

24 59−6=□

25 49−7=□

26 37−5=□

27 78−5=□

28 88−7=□

29 98−2=□

30 29−3=□

31 35−4=□

32 66−4=□

33 79−7=□

34 85−3=□

35 96−3=□

⏰ □ 안에 알맞은 수를 써넣으시오. (1~10)

1
19
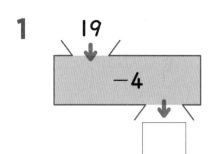
−4

2
23
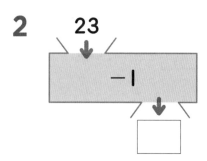
−1

3
27
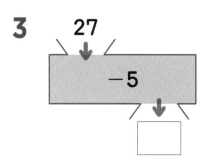
−5

4
36
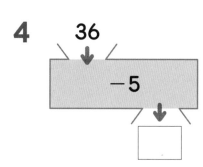
−5

5
38
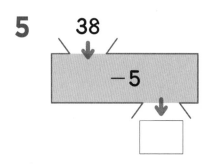
−5

6
43
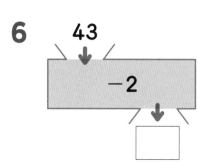
−2

7
48
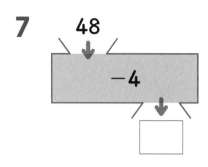
−4

8
55
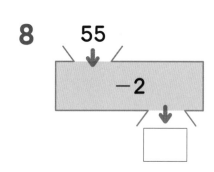
−2

9
57
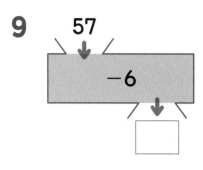
−6

10
63
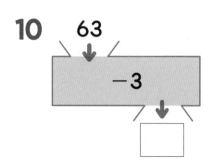
−3

계산은 빠르고 정확하게!

걸린 시간	1~4분	4~6분	6~8분
맞은 개수	20~22개	15~19개	1~14개
평가	참 잘했어요.	잘했어요.	좀더 노력해요.

□ 안에 알맞은 수를 써넣으시오. (11 ~ 22)

11 67 → | −6 | → □

12 75 → | −3 | → □

13 78 → | −7 | → □

14 87 → | −2 | → □

15 86 → | −4 | → □

16 95 → | −1 | → □

17 68 → | −3 | → □

18 79 → | −6 | → □

19 86 → | −2 | → □

20 97 → | −5 | → □

21 59 → | −4 | → □

22 78 → | −6 | → □

2 (몇십몇)-(몇) 알아보기 (4)

⏰ ☐ 안에 알맞은 수를 써넣으시오. (1~15)

1
```
   3 ☐
-    3
   3 2
```

2
```
   4 ☐
-    4
   4 4
```

3
```
   5 ☐
-    5
   5 3
```

4
```
   2 ☐
-    4
   2 3
```

5
```
   3 ☐
-    5
   3 2
```

6
```
   4 ☐
-    6
   4 0
```

7
```
   5 6
-    ☐
   5 5
```

8
```
   6 7
-    ☐
   6 4
```

9
```
   7 8
-    ☐
   7 2
```

10
```
   7 5
-    ☐
   7 1
```

11
```
   8 6
-    ☐
   8 3
```

12
```
   9 9
-    ☐
   9 1
```

13
```
   ☐ 3
-    2
   6 1
```

14
```
   ☐ 5
-    2
   7 3
```

15
```
   ☐ 7
-    6
   8 1
```

🕐 □ 안에 알맞은 수를 써넣으시오. (16 ~ 25)

16 $5\boxed{}-2=55$

17 $6\boxed{}-4=62$

18 $7\boxed{}-5=74$

19 $8\boxed{}-2=86$

20 $64-\boxed{}=61$

21 $76-\boxed{}=72$

22 $87-\boxed{}=85$

23 $99-\boxed{}=92$

24 $58-\boxed{}=51$

25 $69-\boxed{}=66$

🕐 □ 안에 알맞은 수를 써넣으시오. (26 ~ 35)

26 $36-5=37-\boxed{}$

27 $48-2=47-\boxed{}$

28 $57-5=59-\boxed{}$

29 $68-4=65-\boxed{}$

30 $68-\boxed{}=69-4$

31 $77-\boxed{}=79-5$

32 $84-\boxed{}=88-5$

33 $95-\boxed{}=97-5$

34 $59-\boxed{}=57-6$

35 $66-\boxed{}=68-5$

(몇십몇)−(몇십) 알아보기 (1)

① 일의 자리 숫자끼리 빼어 일의 자리에 씁니다.
② 십의 자리 숫자끼리 빼어 십의 자리에 씁니다.

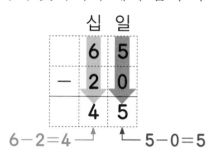

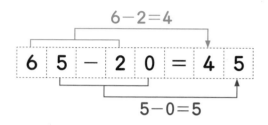

⏰ 계산을 하시오. (1~9)

1

	3	4
−	1	0

2

	6	2
−	3	0

3

	7	7
−	2	0

4

	4	8
−	2	0

5

	5	5
−	3	0

6

	8	4
−	5	0

7

	9	8
−	6	0

8

	8	1
−	4	0

9

	9	6
−	8	0

⏰ 계산을 하시오. (10 ~ 29)

10 $57 - 20 =$

11 $74 - 30 =$

12 $62 - 40 =$

13 $85 - 30 =$

14 $43 - 10 =$

15 $45 - 20 =$

16 $74 - 20 =$

17 $66 - 30 =$

18 $61 - 40 =$

19 $88 - 20 =$

20 $47 - 30 =$

21 $52 - 30 =$

22 $82 - 40 =$

23 $91 - 30 =$

24 $78 - 50 =$

25 $69 - 20 =$

26 $66 - 50 =$

27 $72 - 60 =$

28 $83 - 70 =$

29 $96 - 60 =$

⏰ 계산을 하시오. (1~15)

1
$$\begin{array}{r} 2\,5 \\ -\ 1\,0 \\ \hline \end{array}$$

2
$$\begin{array}{r} 3\,4 \\ -\ 2\,0 \\ \hline \end{array}$$

3
$$\begin{array}{r} 4\,5 \\ -\ 1\,0 \\ \hline \end{array}$$

4
$$\begin{array}{r} 5\,6 \\ -\ 2\,0 \\ \hline \end{array}$$

5
$$\begin{array}{r} 6\,3 \\ -\ 1\,0 \\ \hline \end{array}$$

6
$$\begin{array}{r} 7\,2 \\ -\ 3\,0 \\ \hline \end{array}$$

7
$$\begin{array}{r} 8\,6 \\ -\ 4\,0 \\ \hline \end{array}$$

8
$$\begin{array}{r} 9\,1 \\ -\ 6\,0 \\ \hline \end{array}$$

9
$$\begin{array}{r} 6\,7 \\ -\ 2\,0 \\ \hline \end{array}$$

10
$$\begin{array}{r} 7\,5 \\ -\ 2\,0 \\ \hline \end{array}$$

11
$$\begin{array}{r} 8\,3 \\ -\ 6\,0 \\ \hline \end{array}$$

12
$$\begin{array}{r} 9\,4 \\ -\ 5\,0 \\ \hline \end{array}$$

13
$$\begin{array}{r} 9\,7 \\ -\ 8\,0 \\ \hline \end{array}$$

14
$$\begin{array}{r} 8\,8 \\ -\ 3\,0 \\ \hline \end{array}$$

15
$$\begin{array}{r} 7\,9 \\ -\ 4\,0 \\ \hline \end{array}$$

🕐 계산을 하시오. (16 ~ 35)

16 $53 - 30 =$ ☐

17 $46 - 10 =$ ☐

18 $68 - 20 =$ ☐

19 $74 - 60 =$ ☐

20 $39 - 10 =$ ☐

21 $82 - 20 =$ ☐

22 $95 - 70 =$ ☐

23 $57 - 40 =$ ☐

24 $61 - 30 =$ ☐

25 $75 - 50 =$ ☐

26 $84 - 40 =$ ☐

27 $93 - 30 =$ ☐

28 $48 - 30 =$ ☐

29 $52 - 20 =$ ☐

30 $65 - 50 =$ ☐

31 $77 - 20 =$ ☐

32 $89 - 60 =$ ☐

33 $92 - 70 =$ ☐

34 $74 - 50 =$ ☐

35 $87 - 40 =$ ☐

⏰ □ 안에 알맞은 수를 써넣으시오. (1~10)

1
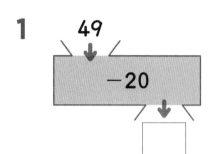
49
−20

2
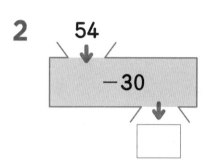
54
−30

3
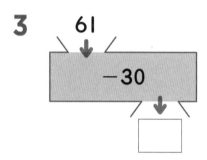
61
−30

4
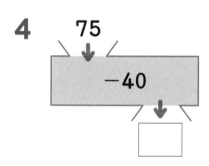
75
−40

5
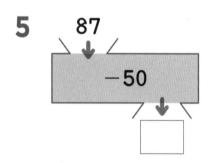
87
−50

6
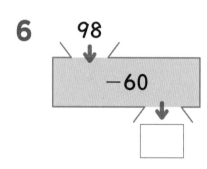
98
−60

7
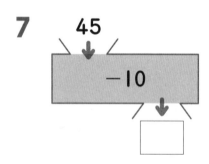
45
−10

8
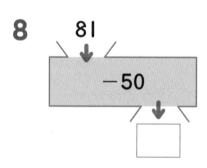
81
−50

9
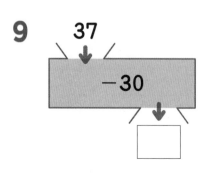
37
−30

10
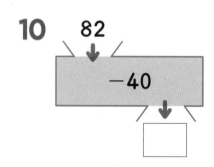
82
−40

계산은 빠르고 정확하게!

걸린 시간	1~5분	5~8분	8~10분
맞은 개수	20~22개	15~19개	1~14개
평가	참 잘했어요.	잘했어요.	좀더 노력해요.

⏰ □ 안에 알맞은 수를 써넣으시오. (11 ~ 22)

11
77 → −20 → □

12
85 → −30 → □

13
73 → −30 → □

14
68 → −40 → □

15
86 → −40 → □

16
95 → −50 → □

17
74 → −50 → □

18
93 → −60 → □

19
95 → −70 → □

20
97 → −40 → □

21
98 → −30 → □

22
99 → −20 → □

3 (몇십몇)-(몇십) 알아보기(4)

⏰ □ 안에 알맞은 수를 써넣으시오. (1~15)

1
```
    3 6
 -  □ 0
 ──────
    2 6
```

2
```
    4 4
 -  □ 0
 ──────
    1 4
```

3
```
    5 6
 -  □ 0
 ──────
    4 6
```

4
```
    6 2
 -  □ 0
 ──────
    4 2
```

5
```
    7 5
 -  □ 0
 ──────
    6 5
```

6
```
    8 3
 -  □ 0
 ──────
    4 3
```

7
```
    □ 1
 -  3 0
 ──────
    4 1
```

8
```
    □ 7
 -  4 0
 ──────
    2 7
```

9
```
    □ 9
 -  2 0
 ──────
    7 9
```

10
```
    □ 8
 -  5 0
 ──────
    2 8
```

11
```
    □ 3
 -  2 0
 ──────
    4 3
```

12
```
    □ 5
 -  6 0
 ──────
    2 5
```

13
```
    9 7
 -  □ 0
 ──────
    8 7
```

14
```
    8 4
 -  □ 0
 ──────
    6 4
```

15
```
    7 8
 -  □ 0
 ──────
    2 8
```

⏰ □ 안에 알맞은 수를 써넣으시오. (16 ~ 35)

16 $46 - \boxed{} = 26$

17 $54 - \boxed{} = 14$

18 $57 - \boxed{} = 47$

19 $63 - \boxed{} = 33$

20 $72 - \boxed{} = 12$

21 $78 - \boxed{} = 58$

22 $83 - \boxed{} = 53$

23 $86 - \boxed{} = 26$

24 $92 - \boxed{} = 72$

25 $97 - \boxed{} = 37$

26 $\boxed{} - 20 = 37$

27 $\boxed{} - 30 = 24$

28 $\boxed{} - 40 = 54$

29 $\boxed{} - 50 = 32$

30 $\boxed{} - 60 = 23$

31 $\boxed{} - 70 = 19$

32 $\boxed{} - 10 = 65$

33 $\boxed{} - 30 = 51$

34 $\boxed{} - 50 = 28$

35 $\boxed{} - 80 = 13$

4 (몇십몇)−(몇십몇) 알아보기 (1)

① 일의 자리 숫자끼리 빼어 일의 자리에 씁니다.
② 십의 자리 숫자끼리 빼어 십의 자리에 씁니다.

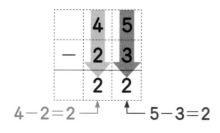

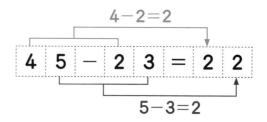

⏰ 계산을 하시오. (1~9)

1

	3	8
−	2	6

2

	4	3
−	2	1

3

	5	5
−	2	3

4

	4	9
−	1	6

5

	5	7
−	2	5

6

	6	4
−	3	4

7

	6	7
−	2	6

8

	7	8
−	3	2

9

	8	9
−	2	8

⏰ 계산을 하시오. (10 ~ 29)

10 5 4 − 1 2 =

11 4 6 − 2 1 =

12 6 5 − 3 1 =

13 8 6 − 6 3 =

14 7 5 − 4 2 =

15 9 9 − 4 1 =

16 6 7 − 4 1 =

17 4 6 − 3 1 =

18 7 6 − 1 3 =

19 5 7 − 4 4 =

20 8 9 − 5 2 =

21 9 6 − 5 3 =

22 7 9 − 3 3 =

23 6 8 − 1 3 =

24 8 6 − 4 1 =

25 9 8 − 8 2 =

26 7 4 − 5 2 =

27 8 3 − 4 2 =

28 9 8 − 2 3 =

29 7 9 − 3 5 =

⏰ 계산을 하시오. (1 ~ 15)

1
```
    2 6
-   1 2
```

2
```
    3 8
-   1 5
```

3
```
    4 5
-   2 4
```

4
```
    3 7
-   2 2
```

5
```
    4 6
-   1 3
```

6
```
    5 7
-   4 3
```

7
```
    4 8
-   2 5
```

8
```
    5 9
-   1 7
```

9
```
    6 5
-   3 1
```

10
```
    5 6
-   1 3
```

11
```
    6 8
-   2 6
```

12
```
    7 4
-   3 3
```

13
```
    7 5
-   5 2
```

14
```
    8 7
-   6 3
```

15
```
    9 9
-   2 4
```

⏰ 계산을 하시오. (16 ~ 35)

16 43−22=

17 54−31=

18 56−24=

19 63−12=

20 67−33=

21 75−21=

22 77−34=

23 84−23=

24 88−25=

25 93−52=

26 98−46=

27 65−44=

28 74−51=

29 86−32=

30 95−24=

31 58−17=

32 64−23=

33 78−13=

34 89−53=

35 96−25=

4 (몇십몇)−(몇십몇) 알아보기(3)

⏰ □ 안에 알맞은 수를 써넣으시오. (1~10)

1 28
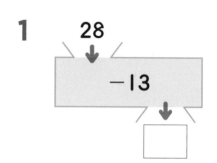
−13

2 37
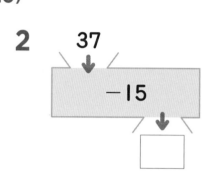
−15

3 84
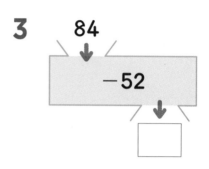
−52

4 59
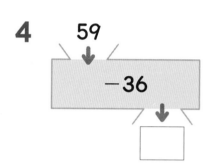
−36

5 67
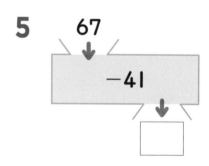
−41

6 75
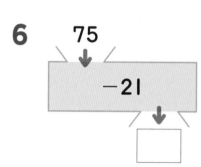
−21

7 86
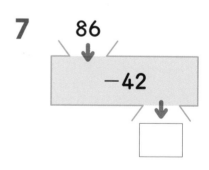
−42

8 94
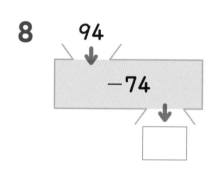
−74

9 26
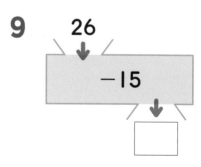
−15

10 39
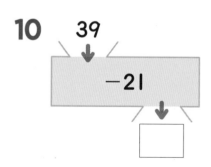
−21

계산은 빠르고 정확하게!

걸린 시간	1~5분	5~8분	8~10분
맞은 개수	18~20개	14~17개	1~13개
평가	참 잘했어요.	잘했어요.	좀더 노력해요.

⏰ 빈 곳에 알맞은 수를 써넣으시오. (11 ~ 20)

11

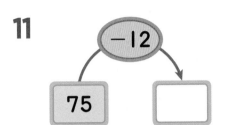

12

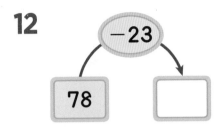

13

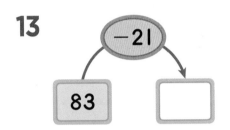

14

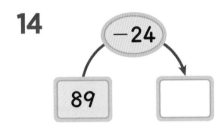

15

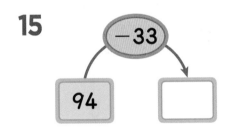

16

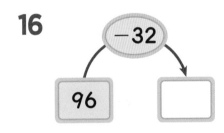

17

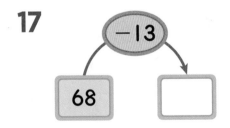

18

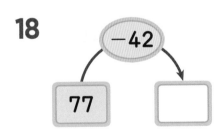

19

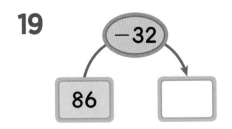

20

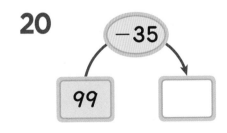

4 (몇십몇)−(몇십몇) 알아보기 (4)

⏰ ☐ 안에 알맞은 수를 써넣으시오. (1 ~ 15)

1
```
    3 ☐
  − 2 3
  ─────
    1 2
```

2
```
    4 ☐
  − 3 5
  ─────
    1 3
```

3
```
    5 ☐
  − 2 3
  ─────
    3 6
```

4
```
    4 6
  − 2 ☐
  ─────
    2 5
```

5
```
    5 5
  − 1 ☐
  ─────
    4 4
```

6
```
    6 4
  − 2 ☐
  ─────
    4 1
```

7
```
    ☐ 4
  − 2 1
  ─────
    5 3
```

8
```
    ☐ 7
  − 1 2
  ─────
    6 5
```

9
```
    ☐ 9
  − 3 4
  ─────
    5 5
```

10
```
    6 4
  − ☐ 2
  ─────
    4 2
```

11
```
    7 5
  − ☐ 4
  ─────
    5 1
```

12
```
    8 6
  − ☐ 2
  ─────
    4 4
```

13
```
    7 ☐
  − 2 4
  ─────
    5 2
```

14
```
    4 ☐
  − 1 3
  ─────
    3 4
```

15
```
    7 9
  − 2 ☐
  ─────
    5 1
```

⏰ ☐ 안에 알맞은 수를 써넣으시오. (16 ~ 30)

16
$$\begin{array}{r} 5\ \square \\ -\ \square\ 2 \\ \hline 2\ 4 \end{array}$$

17
$$\begin{array}{r} 6\ \square \\ -\ \square\ 3 \\ \hline 3\ 2 \end{array}$$

18
$$\begin{array}{r} 7\ \square \\ -\ \square\ 4 \\ \hline 4\ 3 \end{array}$$

19
$$\begin{array}{r} 7\ \square \\ -\ \square\ 5 \\ \hline 2\ 3 \end{array}$$

20
$$\begin{array}{r} 8\ \square \\ -\ \square\ 6 \\ \hline 4\ 2 \end{array}$$

21
$$\begin{array}{r} 9\ \square \\ -\ \square\ 7 \\ \hline 5\ 2 \end{array}$$

22
$$\begin{array}{r} \square\ 6 \\ -\ 2\ \square \\ \hline 3\ 2 \end{array}$$

23
$$\begin{array}{r} \square\ 7 \\ -\ 3\ \square \\ \hline 2\ 5 \end{array}$$

24
$$\begin{array}{r} \square\ 8 \\ -\ 4\ \square \\ \hline 2\ 3 \end{array}$$

25
$$\begin{array}{r} \square\ 7 \\ -\ 3\ \square \\ \hline 5\ 2 \end{array}$$

26
$$\begin{array}{r} \square\ 4 \\ -\ 1\ \square \\ \hline 7\ 2 \end{array}$$

27
$$\begin{array}{r} \square\ 8 \\ -\ 2\ \square \\ \hline 5\ 5 \end{array}$$

28
$$\begin{array}{r} 5\ \square \\ -\ \square\ 4 \\ \hline 1\ 5 \end{array}$$

29
$$\begin{array}{r} 7\ \square \\ -\ \square\ 2 \\ \hline 4\ 7 \end{array}$$

30
$$\begin{array}{r} 8\ \square \\ -\ \square\ 3 \\ \hline 5\ 3 \end{array}$$

5 신기한 연산(1)

⏰ 빈 곳에 알맞은 수를 써넣으시오. (1~8)

1

−		
67	45	
36	23	

2

−		
78	65	
54	32	

3

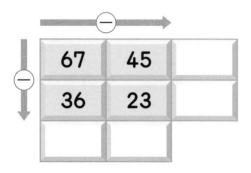

−		
89	64	
48	32	

4

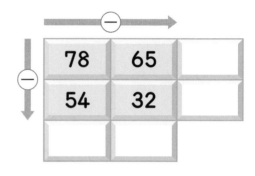

−		
96	54	
65	21	

5

−		
58	44	
46	11	

6

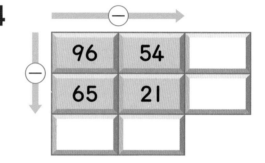

−		
66	64	
53	42	

7

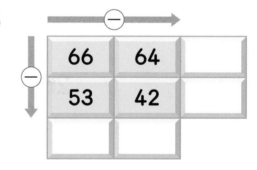

−		
89	55	
36	12	

8

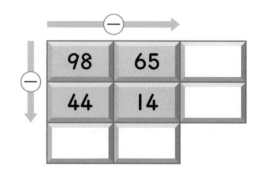

−		
98	65	
44	14	

계산은 빠르고 정확하게!

걸린 시간	1~10분	10~15분	15~20분
맞은 개수	13~14개	10~12개	1~9개
평가	참 잘했어요.	잘했어요.	좀더 노력해요.

⏰ 선의 양 끝에 있는 두 수의 차를 구하여 가운데 ☐ 안에 써넣으시오. (9 ~ 14)

9

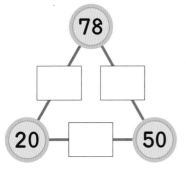

10

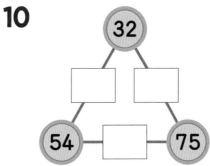

11

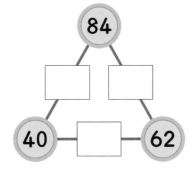

12

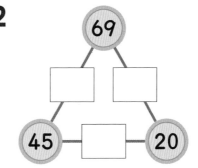

13

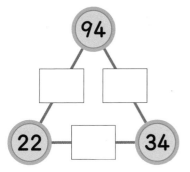

14

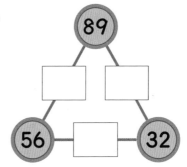

5 신기한 연산(2)

⏰ 보기 와 같이 주어진 뺄셈식을 만족하는 경우는 여러 가지가 있습니다. 이와 같은 방법으로 여러 가지 뺄셈식을 만들어 보시오. (1~4)

보기

```
  가 8
-  나 4    ➡
  6 4
```

```
   9 8      8 8      7 8
 - 3 4    - 2 4    - 1 4
   6 4      6 4      6 4
```
} 가와 나의 차가 6인 경우를 찾아 뺄셈식을 만듭니다.

1

```
  □ 5        □ 5
- □ 3      - □ 3
  7 2        7 2
```

2

```
  □ 6        □ 6        □ 6
- □ 2      - □ 2      - □ 2
  6 4        6 4        6 4
```

3

```
  □ 8        □ 8        □ 8        □ 8
- □ 3      - □ 3      - □ 3      - □ 3
  5 5        5 5        5 5        5 5
```

4

```
  □ 7        □ 7        □ 7        □ 7        □ 7
- □ 4      - □ 4      - □ 4      - □ 4      - □ 4
  4 3        4 3        4 3        4 3        4 3
```

⏰ 보기 와 같이 주어진 뺄셈식을 만족하는 경우는 여러 가지가 있습니다. 이와 같은 방법으로 여러 가지 뺄셈식을 만들어 보시오. (5~7)

보기

$$\begin{array}{r} 6\ 가 \\ -\ 2\ 나 \\ \hline 4\ 7 \end{array} \Rightarrow \begin{array}{r} 6\ 9 \\ -\ 2\ 2 \\ \hline 4\ 7 \end{array} \quad \begin{array}{r} 6\ 8 \\ -\ 2\ 1 \\ \hline 4\ 7 \end{array} \quad \begin{array}{r} 6\ 7 \\ -\ 2\ 0 \\ \hline 4\ 7 \end{array}$$

가와 나의 차가 7인 경우를 찾습니다.

5
$$\begin{array}{r} 9\ \square \\ -\ 3\ \square \\ \hline 6\ 6 \end{array} \qquad \begin{array}{r} 9\ \square \\ -\ 3\ \square \\ \hline 6\ 6 \end{array} \qquad \begin{array}{r} 9\ \square \\ -\ 3\ \square \\ \hline 6\ 6 \end{array} \qquad \begin{array}{r} 9\ \square \\ -\ 3\ \square \\ \hline 6\ 6 \end{array}$$

6
$$\begin{array}{r} 7\ \square \\ -\ 5\ \square \\ \hline 2\ 2 \end{array} \qquad \begin{array}{r} 7\ \square \\ -\ 5\ \square \\ \hline 2\ 2 \end{array} \qquad \begin{array}{r} 7\ \square \\ -\ 5\ \square \\ \hline 2\ 2 \end{array} \qquad \begin{array}{r} 7\ \square \\ -\ 5\ \square \\ \hline 2\ 2 \end{array}$$

$$\begin{array}{r} 7\ \square \\ -\ 5\ \square \\ \hline 2\ 2 \end{array} \qquad \begin{array}{r} 7\ \square \\ -\ 5\ \square \\ \hline 2\ 2 \end{array} \qquad \begin{array}{r} 7\ \square \\ -\ 5\ \square \\ \hline 2\ 2 \end{array} \qquad \begin{array}{r} 7\ \square \\ -\ 5\ \square \\ \hline 2\ 2 \end{array}$$

7
$$\begin{array}{r} 6\ \square \\ -\ 3\ \square \\ \hline 3\ 3 \end{array} \qquad \begin{array}{r} 6\ \square \\ -\ 3\ \square \\ \hline 3\ 3 \end{array} \qquad \begin{array}{r} 6\ \square \\ -\ 3\ \square \\ \hline 3\ 3 \end{array} \qquad \begin{array}{r} 6\ \square \\ -\ 3\ \square \\ \hline 3\ 3 \end{array}$$

$$\begin{array}{r} 6\ \square \\ -\ 3\ \square \\ \hline 3\ 3 \end{array} \qquad \begin{array}{r} 6\ \square \\ -\ 3\ \square \\ \hline 3\ 3 \end{array} \qquad \begin{array}{r} 6\ \square \\ -\ 3\ \square \\ \hline 3\ 3 \end{array}$$

확인 평가

⏰ 계산을 하시오. (1~17)

1
```
   3 0
 - 1 0
```

2
```
   5 0
 - 4 0
```

3
```
   9 0
 - 7 0
```

4
```
   5 6
 -   4
```

5
```
   6 3
 -   3
```

6
```
   8 9
 -   4
```

7
```
   4 8
 -   4
```

8
```
   7 6
 -   5
```

9
```
   9 7
 -   3
```

10 40-30=

11 70-50=

12 80-50=

13 90-60=

14 57-5=

15 78-4=

16 86-3=

17 69-7=

⏰ 계산을 하시오. (18 ~ 34)

18
```
   3 5
 - 2 0
------
```

19
```
   4 7
 - 1 0
------
```

20
```
   8 6
 - 5 0
------
```

21
```
   3 4
 - 2 1
------
```

22
```
   5 6
 - 2 3
------
```

23
```
   6 5
 - 1 4
------
```

24
```
   7 7
 - 4 5
------
```

25
```
   8 9
 - 3 2
------
```

26
```
   9 7
 - 3 6
------
```

27 42 − 30 = ☐

28 56 − 10 = ☐

29 64 − 20 = ☐

30 78 − 50 = ☐

31 58 − 32 = ☐

32 76 − 43 = ☐

33 87 − 25 = ☐

34 95 − 24 = ☐

크라운을 도전하세요!

⏰ ☐ 안에 알맞은 수를 써넣으시오. (35 ~ 49)

35
```
    3 8
  -☐ 0
  ─────
    2 8
```

36
```
    5 3
  -☐ 0
  ─────
    2 3
```

37
```
    8 7
  -☐ 0
  ─────
    1 7
```

38
```
    4 ☐
  - 1 3
  ─────
    3 2
```

39
```
    5 ☐
  - 4 2
  ─────
    1 4
```

40
```
    7 ☐
  - 1 2
  ─────
    6 6
```

41
```
    6 4
  - 1 ☐
  ─────
    5 1
```

42
```
    7 9
  - 1 ☐
  ─────
    6 2
```

43
```
    9 8
  - 1 ☐
  ─────
    8 3
```

44
```
    5 ☐
  -☐ 3
  ─────
    2 1
```

45
```
    7 ☐
  -☐ 5
  ─────
    5 1
```

46
```
    8 ☐
  -☐ 4
  ─────
    6 1
```

47
```
  ☐ 9
  - 1 ☐
  ─────
    3 4
```

48
```
  ☐ 6
  - 2 ☐
  ─────
    4 2
```

49
```
  ☐ 7
  - 5 ☐
  ─────
    3 5
```

초등 수학의 기본은 연산력!!

신기한 연산왕

정답

A-3

초1 수준

정답

1 몇십 알아보기(1)

10개씩 묶음(개)	수	읽기	
6	60	육십	예순
7	70	칠십	일흔
8	80	팔십	여든
9	90	구십	아흔

🕐 수를 세어 □ 안에 알맞은 수를 써넣으시오. (1~6)

1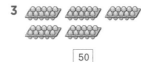
40

2
60

3
50

4
70

5
80

6
90

계산은 빠르고 정확하게!

걸린 시간	1~3분	3~5분	5~7분
맞은 개수	13~14개	10~12개	1~9개
평가	참 잘했어요.	잘했어요.	좀더 노력해요.

🕐 수를 세어 □ 안에 알맞은 수를 써넣으시오. (7~10)

7
10개씩 묶음이 6 개이므로 60 입니다.

8
10개씩 묶음이 7 개이므로 70 입니다.

9
10개씩 묶음이 9 개이므로 90 입니다.

10
10개씩 묶음이 8 개이므로 80 입니다.

🕐 구슬의 수를 세어 쓰고 읽어 보시오. (11~14)

11
쓰기	60	
읽기	육십	예순

12
쓰기	70	
읽기	칠십	일흔

13
쓰기	90	
읽기	구십	아흔

14
쓰기	80	
읽기	팔십	여든

1 몇십 알아보기(2)

🕐 □ 안에 알맞은 수나 말을 써넣으시오. (1~8)

1 10개씩 묶음 7개는 70 이고 칠십 또는 일흔 이라고 읽습니다.

2 10개씩 묶음 6개는 60 이고 육십 또는 예순 이라고 읽습니다.

3 10개씩 묶음 9개는 90 이고 구십 또는 아흔 이라고 읽습니다.

4 10개씩 묶음 8개는 80 이고 팔십 또는 여든 이라고 읽습니다.

5 10개씩 묶음 6 개는 60이고 육십 또는 예순 이라고 읽습니다.

6 10개씩 묶음 8 개는 80이고 팔십 또는 여든 이라고 읽습니다.

7 10개씩 묶음 7 개는 70이고 칠십 또는 일흔 이라고 읽습니다.

8 10개씩 묶음 9 개는 90이고 구십 또는 아흔 이라고 읽습니다.

계산은 빠르고 정확하게!

걸린 시간	1~6분	6~8분	8~10분
맞은 개수	24~26개	18~23개	1~17개
평가	참 잘했어요.	잘했어요.	좀더 노력해요.

🕐 빈칸에 알맞은 수나 말을 써넣으시오. (9~26)

9
쓰기	70	
읽기	칠십	일흔

10
쓰기	60	
읽기	육십	예순

11
쓰기	90	
읽기	구십	아흔

12
쓰기	80	
읽기	팔십	여든

13
쓰기	20	
읽기	이십	스물

14
쓰기	50	
읽기	오십	쉰

15
쓰기	60	
읽기	육십	예순

16
쓰기	90	
읽기	구십	아흔

17
쓰기	80	
읽기	팔십	여든

18
쓰기	30	
읽기	삼십	서른

19
쓰기	70	
읽기	칠십	일흔

20
쓰기	40	
읽기	사십	마흔

21
쓰기	50	
읽기	오십	쉰

22
쓰기	90	
읽기	구십	아흔

23
쓰기	20	
읽기	이십	스물

24
쓰기	70	
읽기	칠십	일흔

25
쓰기	60	
읽기	육십	예순

26
쓰기	80	
읽기	팔십	여든

2 99까지의 수 알아보기 (1)

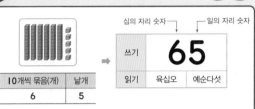

쓰기	**65**
읽기	육십오 예순다섯

십의 자리 숫자 / 일의 자리 숫자

10개씩 묶음(개)	낱개
6	5

빈 곳에 알맞은 수를 써넣으시오. (1~6)

1 10개씩 묶음 5개 / 낱개 7개 / 수 57

2 10개씩 묶음 6개 / 낱개 2개 / 수 62

3 10개씩 묶음 7개 / 낱개 4개 / 수 74

4 10개씩 묶음 6개 / 낱개 8개 / 수 68

5 10개씩 묶음 8개 / 낱개 6개 / 수 86

6 10개씩 묶음 7개 / 낱개 9개 / 수 79

☐ 안에 알맞은 수를 써넣으시오. (7~14)

7

10개씩 묶음	낱개
5	2
⇒ 52

8

10개씩 묶음	낱개
6	3
⇒ 63

9

10개씩 묶음	낱개
8	1
⇒ 81

10

10개씩 묶음	낱개
7	3
⇒ 73

11

10개씩 묶음	낱개
6	7
⇒ 67

12

10개씩 묶음	낱개
9	4
⇒ 94

13

10개씩 묶음	낱개
8	4
⇒ 84

14

10개씩 묶음	낱개
9	5
⇒ 95

2 99까지의 수 알아보기 (2)

☐ 안에 알맞은 수를 써넣으시오. (1~12)

1 10개씩 묶음 5 / 낱개 3 ⇒ 53
2 10개씩 묶음 7 / 낱개 5 ⇒ 75
3 10개씩 묶음 6 / 낱개 8 ⇒ 68
4 10개씩 묶음 5 / 낱개 9 ⇒ 59
5 10개씩 묶음 8 / 낱개 6 ⇒ 86
6 10개씩 묶음 9 / 낱개 4 ⇒ 94
7 10개씩 묶음 7 / 낱개 7 ⇒ 77
8 10개씩 묶음 8 / 낱개 3 ⇒ 83
9 10개씩 묶음 9 / 낱개 2 ⇒ 92
10 10개씩 묶음 6 / 낱개 1 ⇒ 61
11 10개씩 묶음 5 / 낱개 6 ⇒ 56
12 10개씩 묶음 7 / 낱개 2 ⇒ 72

☐ 안에 알맞은 수를 써넣으시오. (13~24)

13 10개씩 묶음 6 / 낱개 3 ⇒ 63
14 10개씩 묶음 7 / 낱개 6 ⇒ 76
15 10개씩 묶음 8 / 낱개 8 ⇒ 88
16 10개씩 묶음 5 / 낱개 5 ⇒ 55
17 10개씩 묶음 6 / 낱개 9 ⇒ 69
18 10개씩 묶음 7 / 낱개 3 ⇒ 73
19 10개씩 묶음 8 / 낱개 5 ⇒ 85
20 10개씩 묶음 9 / 낱개 7 ⇒ 97
21 10개씩 묶음 9 / 낱개 9 ⇒ 99
22 10개씩 묶음 5 / 낱개 1 ⇒ 51
23 10개씩 묶음 7 / 낱개 8 ⇒ 78
24 10개씩 묶음 9 / 낱개 3 ⇒ 93

2 99까지의 수 알아보기(3)

월 일

⏰ 빈 곳에 알맞은 수나 말을 써넣으시오. (1~8)

1
| 10개씩 묶음 | 낱개 |
| 5 | 4 |
➡
| 쓰기 | 54 | |
| 읽기 | 오십사 | 쉰넷 |

2
| 10개씩 묶음 | 낱개 |
| 6 | 3 |
➡
| 쓰기 | 63 | |
| 읽기 | 육십삼 | 예순셋 |

3
| 10개씩 묶음 | 낱개 |
| 7 | 2 |
➡
| 쓰기 | 72 | |
| 읽기 | 칠십이 | 일흔둘 |

4
| 10개씩 묶음 | 낱개 |
| 8 | 1 |
➡
| 쓰기 | 81 | |
| 읽기 | 팔십일 | 여든하나 |

5
| 10개씩 묶음 | 낱개 |
| 9 | 5 |
➡
| 쓰기 | 95 | |
| 읽기 | 구십오 | 아흔다섯 |

6
| 10개씩 묶음 | 낱개 |
| 8 | 6 |
➡
| 쓰기 | 86 | |
| 읽기 | 팔십육 | 여든여섯 |

7
| 10개씩 묶음 | 낱개 |
| 7 | 7 |
➡
| 쓰기 | 77 | |
| 읽기 | 칠십칠 | 일흔일곱 |

8
| 10개씩 묶음 | 낱개 |
| 9 | 3 |
➡
| 쓰기 | 93 | |
| 읽기 | 구십삼 | 아흔셋 |

⏰ 빈 곳에 알맞은 수나 말을 써넣으시오. (9~16)

9
| 10개씩 묶음 | 낱개 |
| 7 | 4 |
➡
| 쓰기 | 74 | |
| 읽기 | 칠십사 | 일흔넷 |

10
| 10개씩 묶음 | 낱개 |
| 8 | 2 |
➡
| 쓰기 | 82 | |
| 읽기 | 팔십이 | 여든둘 |

11
| 10개씩 묶음 | 낱개 |
| 9 | 4 |
➡
| 쓰기 | 94 | |
| 읽기 | 구십사 | 아흔넷 |

12
| 10개씩 묶음 | 낱개 |
| 5 | 7 |
➡
| 쓰기 | 57 | |
| 읽기 | 오십칠 | 쉰일곱 |

13
| 10개씩 묶음 | 낱개 |
| 9 | 9 |
➡
| 쓰기 | 99 | |
| 읽기 | 구십구 | 아흔아홉 |

14
| 10개씩 묶음 | 낱개 |
| 6 | 1 |
➡
| 쓰기 | 61 | |
| 읽기 | 육십일 | 예순하나 |

15
| 10개씩 묶음 | 낱개 |
| 7 | 3 |
➡
| 쓰기 | 73 | |
| 읽기 | 칠십삼 | 일흔셋 |

16
| 10개씩 묶음 | 낱개 |
| 8 | 4 |
➡
| 쓰기 | 84 | |
| 읽기 | 팔십사 | 여든넷 |

3 수의 순서 알아보기(1)

월 일

수를 순서대로 쓰면 1씩 커집니다.

1씩 커집니다. →

51	52	53	54	55	56	57	58	59	60
61	62	63	64	65	66	67	68	69	70
71	72	73	74	75	76	77	78	79	80
81	82	83	84	85	86	87	88	89	90
91	92	93	94	95	96	97	98	99	100

1씩 작아집니다.

100

- 99보다 1 큰 수를 100이라고 합니다.
- 100은 백이라고 읽습니다.

⏰ 수의 순서에 맞게 빈 곳에 알맞은 수를 써넣으시오. (1~5)

1 61 - 62 - 63 - 64 - 65 - 66 - 67 - 68

2 69 - 70 - 71 - 72 - 73 - 74 - 75 - 76

3 75 - 76 - 77 - 78 - 79 - 80 - 81 - 82

4 86 - 87 - 88 - 89 - 90 - 91 - 92 - 93

5 93 - 94 - 95 - 96 - 97 - 98 - 99 - 100

⏰ 수의 순서에 맞게 빈 곳에 알맞은 수를 써넣으시오. (6~19)

6 53 54 55 56 57

7 62 63 64 65 66

8 74 75 76 77 78

9 58 59 60 61 62

10 85 86 87 88 89

11 66 67 68 69 70

12 77 78 79 80 81

13 96 97 98 99 100

14 57 58 59 60 61

15 59 60 61 62 63

16 87 88 89 90 91

17 69 70 71 72 73

18 89 90 91 92 93

19 67 68 69 70 71

3 수의 순서 알아보기(2)

월 일

☐ 빈 곳에 알맞은 수를 써넣으시오. (1~12)

1 I 작은 수 62 **63** I 큰 수 64

2 I 작은 수 67 **68** I 큰 수 69

3 I 작은 수 71 **72** I 큰 수 73

4 I 작은 수 74 **75** I 큰 수 76

5 I 작은 수 80 **81** I 큰 수 82

6 I 작은 수 87 **88** I 큰 수 89

7 I 작은 수 98 **99** I 큰 수 100

8 I 작은 수 89 **90** I 큰 수 91

9 I 작은 수 58 **59** I 큰 수 60

10 I 작은 수 70 **71** I 큰 수 72

11 I 작은 수 79 **80** I 큰 수 81

12 I 작은 수 68 **69** I 큰 수 70

계산은 빠르고 정확하게!

걸린 시간	1~5분	5~7분	7~10분
맞은 개수	22~24개	17~21개	1~16개
평가	참 잘했어요.	잘했어요.	좀더 노력해요.

☐ 빈 곳에 알맞은 수를 써넣으시오. (13~24)

13 I 작은 수 51 **52** I 큰 수 53

14 I 작은 수 75 **76** I 큰 수 77

15 I 작은 수 65 **66** I 큰 수 67

16 I 작은 수 84 **85** I 큰 수 86

17 I 작은 수 59 **60** I 큰 수 61

18 I 작은 수 88 **89** I 큰 수 90

19 I 작은 수 73 **74** I 큰 수 75

20 I 작은 수 69 **70** I 큰 수 71

21 I 작은 수 60 **61** I 큰 수 62

22 I 작은 수 96 **97** I 큰 수 98

23 I 작은 수 97 **98** I 큰 수 99

24 I 작은 수 78 **79** I 큰 수 80

4 수의 크기 비교하기(1)

월 일

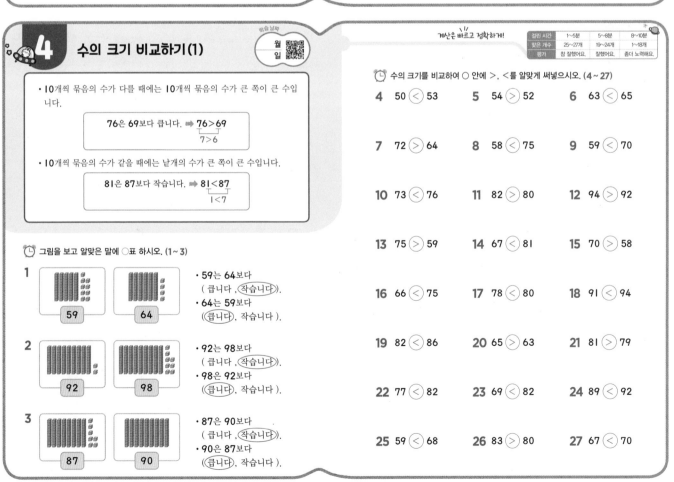

- 10개씩 묶음의 수가 다를 때에는 10개씩 묶음의 수가 큰 쪽이 큰 수입니다.

76은 69보다 큽니다. ➡ 76>69
7>6

- 10개씩 묶음의 수가 같을 때에는 낱개의 수가 큰 쪽이 큰 수입니다.

81은 87보다 작습니다. ➡ 81<87
1<7

☐ 그림을 보고 알맞은 말에 ○표 하시오. (1~3)

1 59 64
- 59는 64보다 (큽니다 ,(작습니다)).
- 64는 59보다 ((큽니다), 작습니다).

2 92 98
- 92는 98보다 (큽니다 ,(작습니다)).
- 98은 92보다 ((큽니다), 작습니다).

3 87 90
- 87은 90보다 (큽니다 ,(작습니다)).
- 90은 87보다 ((큽니다), 작습니다).

계산은 빠르고 정확하게!

걸린 시간	1~5분	5~8분	8~10분
맞은 개수	25~27개	19~24개	1~18개
평가	참 잘했어요.	잘했어요.	좀더 노력해요.

☐ 수의 크기를 비교하여 ○ 안에 >, <를 알맞게 써넣으시오. (4~27)

4 50 < 53
5 54 > 52
6 63 < 65

7 72 > 64
8 58 < 75
9 59 < 70

10 73 < 76
11 82 > 80
12 94 > 92

13 75 > 59
14 67 < 81
15 70 > 58

16 66 < 75
17 78 < 80
18 91 < 94

19 82 < 86
20 65 > 63
21 81 > 79

22 77 < 82
23 69 < 82
24 89 < 92

25 59 < 68
26 83 > 80
27 67 < 70

정답

P 24~27

4 수의 크기 비교하기(2)

월 일

계산은 빠르고 정확하게!

걸린 시간	1~6분	6~8분	8~10분
맞은 개수	15~16개	11~14개	1~10개
평가	참 잘했어요.	잘했어요.	좀더 노력해요.

가운데 수보다 큰 수를 모두 찾아 ○표 하시오. (1~8)

가운데 수보다 작은 수를 모두 찾아 ○표 하시오. (9~16)

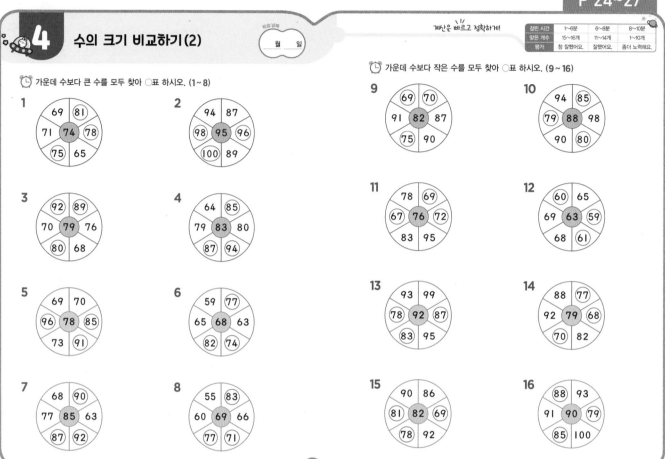

4 수의 크기 비교하기(3)

월 일

계산은 빠르고 정확하게!

걸린 시간	1~5분	5~8분	8~10분
맞은 개수	23~24개	17~22개	1~16개
평가	참 잘했어요.	잘했어요.	좀더 노력해요.

가장 큰 수에 ○표 하시오. (1~12)

가장 작은 수에 ○표 하시오. (13~24)

5 짝수와 홀수 알아보기(1)

월 일

- 짝수: 2, 4, 6, 8, 10, …과 같이 둘씩 짝을 지을 수 있는 수
- 홀수: 1, 3, 5, 7, 9, …와 같이 둘씩 짝을 지을 수 없는 수

 ➡ 4 : 짝수   ➡ 3 : 홀수

계산은 빠르고 정확하게!

걸린 시간	1~4분	4~6분	6~8분
맞은 개수	15~16개	11~14개	1~10개
평가	참 잘했어요.	잘했어요.	좀더 노력해요.

🕐 딸기의 수를 세어 □ 안에 알맞은 수를 써넣고, 알맞은 말에 ○표 하시오. (1~8)

1 2 개

(짝수, 홀수)

2 9 개

(짝수 ,홀수)

3 5 개

(짝수 ,홀수)

4 10 개

(짝수, 홀수)

5 12 개

(짝수, 홀수)

6 11 개

(짝수 ,홀수)

7 13 개

(짝수 ,홀수)

8 14 개

(짝수, 홀수)

🕐 구슬의 수를 세어 □ 안에 알맞은 수를 써넣고, 알맞은 말에 ○표 하시오. (9~16)

9 52 ➡ (짝수, 홀수)

10  65 ➡ (짝수 ,홀수)

11 60 ➡ (짝수, 홀수)

12 56 ➡ (짝수, 홀수)

13 71 ➡ (짝수 ,홀수)

14 74 ➡ (짝수, 홀수)

15 87 ➡ (짝수 ,홀수)

16 93 ➡ (짝수 ,홀수)

---

4 짝수와 홀수 알아보기(2)

월 일

계산은 빠르고 정확하게!

걸린 시간	1~5분	5~8분	8~10분
맞은 개수	9~10개	7~8개	1~6개
평가	참 잘했어요.	잘했어요.	좀더 노력해요.

🕐 짝수에 ○표, 홀수에 △표를 하고 □ 안에 알맞은 수를 써넣으시오. (1~6)

1 △1 ②2 △3 ④4 △5 ⑥6 △7 ⑧8 △9

➡ 짝수의 개수: 4 개, 홀수의 개수: 5 개

2 △13 ⑯16 ⑭14 △11 △15 ⑱18 △19 △17 ⑳20 ⑫12

➡ 짝수의 개수: 5 개, 홀수의 개수: 5 개

3 ㉔24 ㉘28 △21 △25 ㉚30 △33 △27 △23 △35 ㊱36

➡ 짝수의 개수: 4 개, 홀수의 개수: 6 개

4 ㊵40 ㊿50 △43 ⑤52 △55 △47 ⑤58 △49 △51 ⑤54

➡ 짝수의 개수: 5 개, 홀수의 개수: 5 개

5 ⑤56 △65 ⑦72 ⑦70 △61 ⑥64 △59 ⑦74 ⑤58 ⑥60

➡ 짝수의 개수: 7 개, 홀수의 개수: 3 개

6 ⑧80 △87 △83 ⑨92 △95 △89 ⑨96 △85 ⑨94 ⑩100

➡ 짝수의 개수: 5 개, 홀수의 개수: 5 개

🕐 다음 수 배열에서 알맞은 수를 찾아 □ 안에 써넣으시오. (7~10)

7

23	24	25	26	27	28
29	30	31	32	33	34
35	36	37	38	39	40

- 가장 작은 짝수: 24
- 가장 큰 홀수: 39

8

67	68	69	70	71	72
73	74	75	76	77	78
79	80	81	82	83	84

- 가장 작은 짝수: 68
- 가장 큰 홀수: 83

9

5	10	15	20	25	30
35	40	45	50	55	60
65	70	75	80	85	90

- 가장 작은 짝수: 10
- 가장 큰 홀수: 85

10

55	81	56	80	57	79
58	78	59	77	60	76
61	75	62	74	63	73
64	72	65	71	66	70

- 가장 작은 짝수: 56
- 가장 작은 홀수: 55
- 가장 큰 짝수: 80
- 가장 큰 홀수: 81

6 신기한 연산

월
일

계산은 빠르고 정확하게!

걸린 시간	1~8분	8~12분	12~16분
맞은 개수	11~12개	8~10개	1~7개
평가	참 잘했어요	잘했어요	좀더 노력해요

수 배열표를 보고 □ 안에 알맞은 수를 써넣으시오. (1~6)

51	52	53	54	55	56	57	58	59	60
61	62	63	64	65	66	67	68	69	70
71	72	73	74	75	76	77	78	79	80
81	82	83	84	85	86	87	88	89	90
91	92	93	94	95	96	97	98	99	100

1 수 배열표에서 오른쪽(→) 방향으로는 수가 **1** 씩 커집니다.

2 수 배열표에서 왼쪽(←) 방향으로는 수가 **1** 씩 작아집니다.

3 수 배열표에서 아랫쪽(↓) 방향으로는 수가 **10** 씩 커집니다.

4 수 배열표에서 오른쪽 대각선(↘) 방향으로는 수가 **11** 씩 커집니다.

5 수 배열표에서 왼쪽 대각선(↙) 방향으로는 수가 **9** 씩 커집니다.

6 수 배열표에서 짝수는 **25** 개이고, 홀수는 **25** 개입니다.

□ 안에 들어갈 수 있는 숫자를 모두 찾아 ○표 하시오. (7~12)

7 55−□>52   ①　②　3　4　5　6　7　8　9

8 62+□<68   ①　②　③　④　⑤　6　7　8　9

9 □8−2<75   ①　②　③　④　⑤　⑥　7　8　9

10 □4+5<82   ①　②　③　④　⑤　⑥　⑦　8　9

11 8□−3>81   1　2　3　4　⑤　⑥　⑦　⑧　⑨

12 6□+4<70   ①　②　③　④　⑤　6　7　8　9

확인 평가

걸린 시간	1~12분	12~15분	15~18분
맞은 개수	28~31개	21~27개	1~20개
평가	참 잘했어요	잘했어요	좀더 노력해요

빈 곳에 알맞은 수나 말을 써넣으시오. (1~10)

1 10개씩 묶음 6개는 **60** 이고 육십 또는 **예순** 이라고 읽습니다.

2 10개씩 묶음 8개는 **80** 이고 팔십 또는 **여든** 이라고 읽습니다.

3 10개씩 묶음 **9** 개는 90이고 **구십** 또는 **아흔** 이라고 읽습니다.

4 10개씩 묶음 **7** 개는 70이고 **칠십** 또는 **일흔** 이라고 읽습니다.

5
10개씩 묶음	낱개
5	3
➡
쓰기	53	
읽기	오십삼	쉰셋

6
10개씩 묶음	낱개
7	5
➡
쓰기	75	
읽기	칠십오	일흔다섯

7
10개씩 묶음	낱개
6	4
➡
쓰기	64	
읽기	육십사	예순넷

8
10개씩 묶음	낱개
8	7
➡
쓰기	87	
읽기	팔십칠	여든일곱

9
10개씩 묶음	낱개
7	6
➡
쓰기	76	
읽기	칠십육	일흔여섯

10
10개씩 묶음	낱개
9	9
➡
쓰기	99	
읽기	구십구	아흔아홉

수의 순서에 맞게 빈 곳에 알맞은 수를 써넣으시오. (11~18)

11 61 - 62 - 63 - 64 - 65   **12** 72 - 73 - 74 - 75 - 76

13 56 - 57 - 58 - 59 - 60   **14** 87 - 88 - 89 - 90 - 91

15 69 - 70 - 71 - 72 - 73   **16** 78 - 79 - 80 - 81 - 82

17 89 - 90 - 91 - 92 - 93   **18** 96 - 97 - 98 - 99 - 100

주어진 수보다 1 큰 수와 1 작은 수를 빈 곳에 써넣으시오. (19~24)

19 57 ➡
1 큰 수	1 작은 수
58	56

20 70 ➡
1 큰 수	1 작은 수
71	69

21 69 ➡
1 큰 수	1 작은 수
70	68

22 83 ➡
1 큰 수	1 작은 수
84	82

23 91 ➡
1 큰 수	1 작은 수
92	90

24 99 ➡
1 큰 수	1 작은 수
100	98

확인 평가

크라운을 도전하세요!

⏰ 그림을 보고 알맞은 말에 ◯표 하시오. (25 ~ 26)

25

58   63

• 58은 63보다
 (큽니다 , (작습니다)).
• 63은 58보다
 ((큽니다) , 작습니다).

26

93   97

• 93은 97보다
 (큽니다 , (작습니다)).
• 97은 93보다
 ((큽니다) , 작습니다).

⏰ 가장 큰 수에 ◯표, 가장 작은 수에 △표 하시오. (27 ~ 30)

27 81 (87) △79

28 (90) 88 △85

29 △59 70 (73)

30 △79 (100) 92

31 짝수에 ◯표, 홀수에 △표를 하고 ☐ 안에 알맞은 수를 써넣으시오.

△23 (32) △33 (40) △45 (52) △55 (70) (76)

➡ 짝수의 개수: 5 개, 홀수의 개수: 4 개

크라운 온라인 평가 응시 방법

에듀왕닷컴 접속 www.eduwang.com
⊻
메인 상단 메뉴에서 단원평가 클릭
⊻
단계 및 단원 선택
⊻
온라인 단원평가 실시(30분 동안 평가 실시)
⊻
크라운 확인

🐰 각 단원평가를 통해 100점을 받으시면 크라운 1개를 드리며, 획득하신 크라운으로 에듀왕 닷컴에서 판매하고 있는 교재 및 서비스를 무료로 구매하실 수 있습니다.

(크라운 1개 – 1000원)

1 (몇십)+(몇), (몇)+(몇십) 알아보기(1)

월 일

 60+4의 계산

십의 자리에 쓰기

6 0 + 4 = 6 4

일의 자리에 쓰기

그대로 내려 쓰기 ← 0+4=4

```
    6 0
  +   4
    6 4
```

☆ 그림을 보고 계산을 하시오. (1~6)

1
 +
5 0 + 8 = 5 8
십의 자리　일의 자리

2
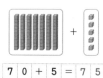
7 0 + 5 = 7 5
십의 자리　일의 자리

3
6 0 + 9 = 6 9

4
8 0 + 4 = 8 4

5
8 0 + 7 = 8 7

6
9 0 + 8 = 9 8

계산은 빠르고 정확하게!

걸린 시간	1~4분	4~6분	6~8분
맞은 개수	19~21개	14~18개	1~13개
평가	참 잘했어요	잘했어요	좀더 노력해요

☆ 계산을 하시오. (7~21)

7
```
  5 0
+   3
  5 3
```

8
```
  8 0
+   5
  8 5
```

9
```
  6 0
+   7
  6 7
```

10
```
  9 0
+   7
  9 7
```

11
```
  7 0
+   6
  7 6
```

12
```
  8 0
+   9
  8 9
```

13
```
  7 0
+   2
  7 2
```

14
```
  6 0
+   3
  6 3
```

15
```
  5 0
+   5
  5 5
```

16
```
  9 0
+   6
  9 6
```

17
```
  8 0
+   2
  8 2
```

18
```
  7 0
+   8
  7 8
```

19
```
  6 0
+   2
  6 2
```

20
```
  7 0
+   3
  7 3
```

21
```
  9 0
+   5
  9 5
```

1 (몇십)+(몇), (몇)+(몇십) 알아보기(2)

월 일

☆ 계산을 하시오. (1~20)

1 50+6= 56
2 60+8= 68
3 70+4= 74
4 80+3= 83
5 90+2= 92
6 50+1= 51
7 60+7= 67
8 70+9= 79
9 80+8= 88
10 90+5= 95
11 30+6= 36
12 40+8= 48
13 50+4= 54
14 60+2= 62
15 70+3= 73
16 80+9= 89
17 90+1= 91
18 70+7= 77
19 80+2= 82
20 90+8= 98

계산은 빠르고 정확하게!

걸린 시간	1~5분	5~8분	8~10분
맞은 개수	33~35개	25~32개	1~24개
평가	참 잘했어요	잘했어요	좀더 노력해요

☆ 계산을 하시오. (21~35)

21
```
  2 0
+   3
  2 3
```

22
```
  3 0
+   5
  3 5
```

23
```
  4 0
+   7
  4 7
```

24
```
  5 0
+   9
  5 9
```

25
```
  6 0
+   1
  6 1
```

26
```
  7 0
+   2
  7 2
```

27
```
  8 0
+   4
  8 4
```

28
```
  9 0
+   6
  9 6
```

29
```
  3 0
+   8
  3 8
```

30
```
  4 0
+   5
  4 5
```

31
```
  5 0
+   7
  5 7
```

32
```
  6 0
+   9
  6 9
```

33
```
  7 0
+   8
  7 8
```

34
```
  8 0
+   6
  8 6
```

35
```
  9 0
+   9
  9 9
```

1 (몇십)+(몇), (몇)+(몇십) 알아보기(3)

학습날짜 월 일

🕐 계산을 하시오. (1~20)

1 2+50= 52

2 5+60= 65

3 7+70= 77

4 9+80= 89

5 3+90= 93

6 8+50= 58

7 8+60= 68

8 6+70= 76

9 2+80= 82

10 1+90= 91

11 5+50= 55

12 7+60= 67

13 4+70= 74

14 3+50= 53

15 4+60= 64

16 2+70= 72

17 6+80= 86

18 8+90= 98

19 6+50= 56

20 3+60= 63

🕐 계산을 하시오. (21~35)

21
```
    6
+ 6 0
  6 6
```

22
```
    7
+ 5 0
  5 7
```

23
```
    5
+ 7 0
  7 5
```

24
```
    9
+ 6 0
  6 9
```

25
```
    3
+ 8 0
  8 3
```

26
```
    5
+ 9 0
  9 5
```

27
```
    1
+ 5 0
  5 1
```

28
```
    7
+ 8 0
  8 7
```

29
```
    8
+ 7 0
  7 8
```

30
```
    2
+ 9 0
  9 2
```

31
```
    4
+ 5 0
  5 4
```

32
```
    9
+ 7 0
  7 9
```

33
```
    3
+ 7 0
  7 3
```

34
```
    5
+ 8 0
  8 5
```

35
```
    7
+ 9 0
  9 7
```

2 (몇십몇)+(몇), (몇)+(몇십몇) 알아보기(1)

학습날짜 월 일

① 일의 자리 숫자끼리 더하여 일의 자리에 씁니다.
② 십의 자리 숫자는 그대로 십의 자리에 씁니다.
예 52+6의 계산

일의 자리에 쓰기
① 2+6=8
5 2 + 6 = 5 8
② 십의 자리에 쓰기

① 일의 자리 계산
```
  5 2
+   6
    8
```
2+6=8

② 십의 자리 계산
```
  5 2
+   6
  5 8
```
5를 그대로 내려 쓰기

🕐 계산을 하시오. (7~21)

7
```
  6 3
+   5
  6 8
```

8
```
  7 2
+   3
  7 5
```

9
```
  8 2
+   7
  8 9
```

10
```
  9 2
+   4
  9 6
```

11
```
  8 1
+   2
  8 3
```

12
```
  6 2
+   4
  6 6
```

13
```
  6 5
+   2
  6 7
```

14
```
  5 1
+   5
  5 6
```

15
```
  7 5
+   3
  7 8
```

16
```
  9 3
+   2
  9 5
```

17
```
  8 7
+   2
  8 9
```

18
```
  7 3
+   4
  7 7
```

19
```
  6 4
+   2
  6 6
```

20
```
  5 5
+   4
  5 9
```

21
```
  9 1
+   3
  9 4
```

🕐 그림을 보고 계산을 하시오. (1~6)

1
5 4 + 5 = 5 9

2
6 3 + 4 = 6 7

3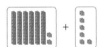
6 2 + 6 = 6 8

4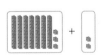
7 3 + 2 = 7 5

5
7 4 + 2 = 7 6

6
8 4 + 4 = 8 8

정답

2 (몇십몇)+(몇), (몇)+(몇십몇) 알아보기(2)

월 일

계산은 빠르고 정확하게!

걸린 시간	1~5분	5~8분	8~10분
맞은 개수	33~35개	25~32개	1~24개
평가	참 잘했어요.	잘했어요.	좀더 노력해요.

⏰ 계산을 하시오. (1~20)

1 53+2= 55

2 64+3= 67

3 74+5= 79

4 85+1= 86

5 96+2= 98

6 57+2= 59

7 66+3= 69

8 75+3= 78

9 84+3= 87

10 93+4= 97

11 55+2= 57

12 64+4= 68

13 73+2= 75

14 82+5= 87

15 92+2= 94

16 54+4= 58

17 63+2= 65

18 72+5= 77

19 81+3= 84

20 92+6= 98

⏰ 계산을 하시오. (21~35)

21　54 + 2 = 56

22　63 + 5 = 68

23　72 + 4 = 76

24　81 + 6 = 87

25　92 + 5 = 97

26　55 + 3 = 58

27　64 + 4 = 68

28　73 + 3 = 76

29　82 + 7 = 89

30　93 + 4 = 97

31　56 + 2 = 58

32　65 + 4 = 69

33　74 + 3 = 77

34　83 + 5 = 88

35　91 + 7 = 98

2 (몇십몇)+(몇), (몇)+(몇십몇) 알아보기(3)

월 일

계산은 빠르고 정확하게!

걸린 시간	1~5분	5~8분	8~10분
맞은 개수	33~35개	25~32개	1~24개
평가	참 잘했어요.	잘했어요.	좀더 노력해요.

⏰ 계산을 하시오. (1~20)

1 3+51= 54

2 2+63= 65

3 4+72= 76

4 3+84= 87

5 5+93= 98

6 4+52= 56

7 3+64= 67

8 5+73= 78

9 4+85= 89

10 6+91= 97

11 7+51= 58

12 8+61= 69

13 2+74= 76

14 5+83= 88

15 3+95= 98

16 2+55= 57

17 6+72= 78

18 7+81= 88

19 4+64= 68

20 4+73= 77

⏰ 계산을 하시오. (21~35)

21　2 + 54 = 56

22　3 + 62 = 65

23　4 + 74 = 78

24　5 + 81 = 86

25　6 + 92 = 98

26　7 + 51 = 58

27　3 + 72 = 75

28　4 + 83 = 87

29　5 + 91 = 96

30　6 + 53 = 59

31　7 + 61 = 68

32　4 + 75 = 79

33　5 + 82 = 87

34　3 + 93 = 96

35　2 + 67 = 69

2 (몇십몇)+(몇), (몇)+(몇십몇) 알아보기(4)

월 일

계산은 빠르고 정확하게!

걸린 시간	1~4분	4~6분	6~8분
맞은 개수	19~20개	14~18개	1~13개
평가	참 잘했어요.	잘했어요.	좀더 노력해요.

⏰ □ 안에 알맞은 수를 써넣으시오. (1~10)

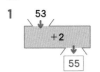 1 53 → +2 → 55

2 62 → +4 → 66

 3 75 → +3 → 78

4 86 → +2 → 88

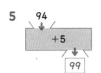 5 94 → +5 → 99

6 54 → +2 → 56

 7 62 → +5 → 67

 8 71 → +7 → 78

 9 83 → +3 → 86

 10 95 → +3 → 98

⏰ □ 안에 알맞은 수를 써넣으시오. (11~20)

 11 7 → +52 → 59

12 5 → +72 → 77

 13 3 → +82 → 85

 14 4 → +55 → 59

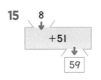 15 8 → +51 → 59

 16 4 → +63 → 67

 17 2 → +66 → 68

 18 5 → +52 → 57

 19 3 → +86 → 89

 20 7 → +91 → 98

2 (몇십몇)+(몇), (몇)+(몇십몇) 알아보기(5)

월 일

계산은 빠르고 정확하게!

걸린 시간	1~6분	6~8분	8~10분
맞은 개수	27~30개	21~26개	1~20개
평가	참 잘했어요.	잘했어요.	좀더 노력해요.

⏰ □ 안에 알맞은 수를 써넣으시오. (1~15)

1
```
  5 [5]
+   2
  5 7
```

2
```
  6 [1]
+   3
  6 4
```

3
```
  7 [4]
+   4
  7 8
```

4
```
  8 [5]
+   3
  8 8
```

5
```
  9 [2]
+   5
  9 7
```

6
```
  6 [2]
+   6
  6 8
```

7
```
  5 2
+ [4]
  5 6
```

8
```
  6 3
+ [3]
  6 6
```

9
```
  7 4
+ [5]
  7 9
```

10
```
  8 5
+ [2]
  8 7
```

11
```
  9 6
+ [3]
  9 9
```

12
```
  6 2
+ [5]
  6 7
```

13
```
  5 [4]
+   4
  5 8
```

14
```
  6 [2]
+   2
  6 4
```

15
```
  7 [3]
+   5
  7 8
```

⏰ □ 안에 알맞은 수를 써넣으시오. (16~30)

16
```
    [5]
+ 5 2
  5 7
```

17
```
    [4]
+ 6 2
  6 6
```

18
```
    [3]
+ 7 4
  7 7
```

19
```
    [2]
+ 8 3
  8 5
```

20
```
    [3]
+ 9 5
  9 8
```

21
```
    [1]
+ 5 4
  5 5
```

22
```
    3
+ 6 [5]
  6 8
```

23
```
    5
+ 7 [1]
  7 6
```

24
```
    2
+ 8 [5]
  8 7
```

25
```
    2
+ 9 [7]
  9 9
```

26
```
    3
+ 5 [5]
  5 8
```

27
```
    3
+ 6 [4]
  6 7
```

28
```
    [4]
+ 7 1
  7 5
```

29
```
    [1]
+ 8 6
  8 7
```

30
```
    [3]
+ 9 2
  9 5
```

 3 (몇십)+(몇십) 알아보기(1)

학습 날짜
월 일

① 일의 자리에 0을 씁니다.
② 십의 자리 숫자끼리 더하여 십의 자리에 씁니다.
예) 20+30의 계산

① 일의 자리 계산 → ② 십의 자리 계산   2+3=5

```
  2 0        2 0      ┌─────────────┐
+ 3 0      + 3 0      │ 2 0 + 3 0 = 5 0 │
─────      ─────      └─────────────┘
    0        5 0        일의 자리는 0
2+3=5
```

⏰ 계산을 하시오. (1 ~ 9)

1
```
  2 0
+ 4 0
─────
  6 0
```

2
```
  3 0
+ 5 0
─────
  8 0
```

3
```
  5 0
+ 2 0
─────
  7 0
```

4
```
  3 0
+ 2 0
─────
  5 0
```

5
```
  6 0
+ 2 0
─────
  8 0
```

6
```
  2 0
+ 7 0
─────
  9 0
```

7
```
  6 0
+ 1 0
─────
  7 0
```

8
```
  3 0
+ 3 0
─────
  6 0
```

9
```
  2 0
+ 2 0
─────
  4 0
```

계산은 빠르고 정확하게!

걸린 시간	1~5분	5~7분	7~10분
맞은 개수	27~29개	21~26개	1~20개
평가	참 잘했어요.	잘했어요.	좀더 노력해요.

⏰ 계산을 하시오. (10 ~ 29)

10 1 0 + 2 0 = 3 0

11 1 0 + 8 0 = 9 0

12 1 0 + 4 0 = 5 0

13 1 0 + 5 0 = 6 0

14 4 0 + 2 0 = 6 0

15 3 0 + 6 0 = 9 0

16 4 0 + 4 0 = 8 0

17 4 0 + 3 0 = 7 0

18 5 0 + 1 0 = 6 0

19 7 0 + 1 0 = 8 0

20 5 0 + 3 0 = 8 0

21 2 0 + 6 0 = 8 0

22 7 0 + 2 0 = 9 0

23 2 0 + 5 0 = 7 0

24 1 0 + 7 0 = 8 0

25 3 0 + 4 0 = 7 0

26 3 0 + 1 0 = 4 0

27 1 0 + 6 0 = 7 0

28 4 0 + 5 0 = 9 0

29 6 0 + 3 0 = 9 0

---

 3 (몇십)+(몇십) 알아보기(2)

학습 날짜
월 일

⏰ 계산을 하시오. (1 ~ 15)

1
```
  1 0
+ 2 0
─────
  3 0
```

2
```
  2 0
+ 3 0
─────
  5 0
```

3
```
  3 0
+ 4 0
─────
  7 0
```

4
```
  4 0
+ 5 0
─────
  9 0
```

5
```
  1 0
+ 3 0
─────
  4 0
```

6
```
  2 0
+ 4 0
─────
  6 0
```

7
```
  3 0
+ 5 0
─────
  8 0
```

8
```
  1 0
+ 4 0
─────
  5 0
```

9
```
  2 0
+ 5 0
─────
  7 0
```

10
```
  3 0
+ 6 0
─────
  9 0
```

11
```
  7 0
+ 2 0
─────
  9 0
```

12
```
  6 0
+ 2 0
─────
  8 0
```

13
```
  5 0
+ 4 0
─────
  9 0
```

14
```
  4 0
+ 3 0
─────
  7 0
```

15
```
  7 0
+ 1 0
─────
  8 0
```

계산은 빠르고 정확하게!

걸린 시간	1~5분	5~7분	7~10분
맞은 개수	32~35개	25~31개	1~24개
평가	참 잘했어요.	잘했어요.	좀더 노력해요.

⏰ 계산을 하시오. (16 ~ 35)

16 10+50= 60

17 20+60= 80

18 20+10= 30

19 40+40= 80

20 50+10= 60

21 20+20= 40

22 60+10= 70

23 40+10= 50

24 40+20= 60

25 30+20= 50

26 60+30= 90

27 10+80= 90

28 10+70= 80

29 30+10= 40

30 50+30= 80

31 10+60= 70

32 20+70= 90

33 80+10= 90

34 50+20= 70

35 30+30= 60

3 (몇십)+(몇십) 알아보기(3)

월 일

계산은 빠르고 정확하게!

걸린 시간	1~10분	10~14분	14~18분
맞은 개수	28~32개	22~27개	1~21개
평가	참 잘했어요	잘했어요	좀더 노력해요

□ 안에 알맞은 수를 써넣으시오. (1 ~ 16)

1 20+30=10+ 40

2 30+40=20+ 50

3 10+50=20+ 40

4 20+60=30+ 50

5 40+10= 20 +30

6 30+30= 40 +20

7 50+30= 60 +20

8 60+20= 70 +10

9 20+70=30+ 60

10 30+50=10+ 70

11 40+40=20+ 60

12 10+50=30+ 30

13 20+40= 50 +10

14 30+50= 40 +40

15 60+30= 50 +40

16 50+20= 40 +30

□ 안에 알맞은 수를 써넣으시오. (17 ~ 32)

17 20+ 50 =30+40

18 10+ 70 =20+60

19 30+ 50 =20+60

20 40+ 40 =50+30

21 50 +40=20+70

22 60 +30=40+50

23 50 +20=30+40

24 50 +10=20+40

25 50+ 30 =10+70

26 60+ 20 =30+50

27 70+ 20 =30+60

28 40+ 10 =20+30

29 40 +50=70+20

30 10 +60=30+40

31 50 +40=80+10

32 40 +30=60+10

4 (몇십몇)+(몇십몇) 알아보기(1)

월 일

계산은 빠르고 정확하게!

걸린 시간	1~6분	6~8분	8~10분
맞은 개수	24~25개	18~23개	1~17개
평가	참 잘했어요	잘했어요	좀더 노력해요

① 일의 자리 숫자끼리 더하여 일의 자리에 씁니다.
② 십의 자리 숫자끼리 더하여 십의 자리에 씁니다.

예 34+23의 계산

① 일의 자리 계산

```
  3 4
+ 2 3
    7
4+3=7
```

② 십의 자리 계산

```
  3 4
+ 2 3
  5 7
3+2=5
```

② 3+2=5
3 4 + 2 3 = 5 7
① 4+3=7

계산을 하시오. (1 ~ 9)

1
```
  2 5
+ 2 2
  4 7
```

2
```
  3 5
+ 2 1
  5 6
```

3
```
  2 4
+ 3 3
  5 7
```

4
```
  3 4
+ 3 1
  6 5
```

5
```
  4 3
+ 2 6
  6 9
```

6
```
  4 4
+ 3 5
  7 9
```

7
```
  2 2
+ 1 7
  3 9
```

8
```
  2 3
+ 4 4
  6 7
```

9
```
  3 1
+ 2 7
  5 8
```

계산을 하시오. (10 ~ 25)

10 2 5 + 1 3 = 3 8

11 2 6 + 3 2 = 5 8

12 2 4 + 1 2 = 3 6

13 1 3 + 2 4 = 3 7

14 2 4 + 2 5 = 4 9

15 3 4 + 1 1 = 4 5

16 2 6 + 4 2 = 6 8

17 2 2 + 2 4 = 4 6

18 2 2 + 1 7 = 3 9

19 4 3 + 3 1 = 7 4

20 5 2 + 2 4 = 7 6

21 6 3 + 1 5 = 7 8

22 6 5 + 2 2 = 8 7

23 7 4 + 1 5 = 8 9

24 4 4 + 3 4 = 7 8

25 6 3 + 3 3 = 9 6

4 (몇십몇)+(몇십몇) 알아보기 (2)

월 일

계산은 빠르고 정확하게!

걸린 시간	1~8분	8~12분	12~15분
맞은 개수	32~35개	25~31개	1~24개
평가	참 잘했어요	잘했어요	좀더 노력해요

⏰ 계산을 하시오. (1~15)

1
```
  2 3
+ 2 2
─────
  4 5
```

2
```
  2 4
+ 4 2
─────
  6 6
```

3
```
  3 5
+ 2 2
─────
  5 7
```

4
```
  3 7
+ 3 2
─────
  6 9
```

5
```
  4 1
+ 2 5
─────
  6 6
```

6
```
  4 4
+ 3 3
─────
  7 7
```

7
```
  5 2
+ 2 5
─────
  7 7
```

8
```
  5 5
+ 3 2
─────
  8 7
```

9
```
  6 5
+ 2 4
─────
  8 9
```

10
```
  6 3
+ 1 6
─────
  7 9
```

11
```
  4 7
+ 2 1
─────
  6 8
```

12
```
  3 8
+ 5 1
─────
  8 9
```

13
```
  7 3
+ 2 5
─────
  9 8
```

14
```
  8 2
+ 1 7
─────
  9 9
```

15
```
  6 6
+ 1 2
─────
  7 8
```

⏰ 계산을 하시오. (16~35)

16 $14+42=$ 56

17 $36+13=$ 49

18 $57+21=$ 78

19 $24+31=$ 55

20 $61+34=$ 95

21 $18+61=$ 79

22 $42+23=$ 65

23 $62+25=$ 87

24 $22+34=$ 56

25 $42+56=$ 98

26 $64+13=$ 77

27 $23+16=$ 39

28 $44+22=$ 66

29 $72+15=$ 87

30 $25+44=$ 69

31 $46+41=$ 87

32 $75+22=$ 97

33 $26+52=$ 78

34 $52+33=$ 85

35 $77+22=$ 99

4 (몇십몇)+(몇십몇) 알아보기 (3)

월 일

계산은 빠르고 정확하게!

걸린 시간	1~5분	5~8분	8~10분
맞은 개수	20~22개	15~19개	1~14개
평가	참 잘했어요	잘했어요	좀더 노력해요

⏰ □ 안에 알맞은 수를 써넣으시오. (1~10)

1 14 → +42 → 56

2 21 → +35 → 56

3 15 → +33 → 48

4 23 → +31 → 54

5 17 → +52 → 69

6 36 → +52 → 88

7 22 → +66 → 88

8 41 → +54 → 95

9 24 → +45 → 69

10 44 → +52 → 96

⏰ □ 안에 알맞은 수를 써넣으시오. (11~22)

11 42 → +15 → 57

12 57 → +21 → 78

13 64 → +32 → 96

14 62 → +26 → 88

15 55 → +13 → 68

16 76 → +22 → 98

17 62 → +35 → 97

18 71 → +16 → 87

19 44 → +25 → 69

20 83 → +15 → 98

21 35 → +14 → 49

22 53 → +24 → 77

4 (몇십몇)+(몇십몇) 알아보기 (4)

학습 날짜
월 일

계산은 빠르고 정확하게!

걸린 시간	1~8분	8~12분	12~15분
맞은 개수	32~35개	25~31개	1~24개
평가	참 잘했어요.	잘했어요.	좀더 노력해요.

□ 안에 알맞은 수를 써넣으시오. (1~15)

1
```
  [4] 2
+   2 5
    6 7
```

2
```
  [2] 2
+   3 6
    5 8
```

3
```
  [5] 5
+   2 3
    7 8
```

4
```
    4 [1]
+   2 4
    6 5
```

5
```
    3 2
+   3 6
    6 8
```

6
```
    3 [6]
+   2 2
    5 8
```

7
```
    3 4
+ [3] 3
    6 7
```

8
```
    7 3
+ [2] 6
    9 9
```

9
```
    2 1
+ [5] 5
    7 6
```

10
```
    6 1
+   2 [4]
    8 5
```

11
```
    3 4
+   4 [5]
    7 9
```

12
```
    4 3
+   2 [6]
    6 9
```

13
```
  [3] 3
+   2 5
    5 8
```

14
```
    4 [2]
+   1 3
    5 5
```

15
```
    2 5
+ [4] 2
    6 7
```

□ 안에 알맞은 수를 써넣으시오. (16~35)

16 32+4[4]=76 **17** 25+3[3]=58

18 16+3[3]=49 **19** 34+4[1]=75

20 24+[4]3=67 **21** 33+[3]5=68

22 42+[4]5=87 **23** 35+[4]3=78

24 3[4]+22=56 **25** 4[5]+34=79

26 5[7]+42=99 **27** 6[3]+25=88

28 [4]3+23=66 **29** [5]3+34=87

30 [3]5+23=58 **31** [3]7+42=79

32 42+3[1]=73 **33** 51+3[8]=89

34 32+5[4]=86 **35** 43+[5]6=99

---

5 신기한 연산

학습 날짜
월 일

계산은 빠르고 정확하게!

걸린 시간	1~10분	10~15분	15~20분
맞은 개수	11~12개	7~10개	1~6개
평가	참 잘했어요.	잘했어요.	좀더 노력해요.

보기 를 참고하여 빈 곳에 알맞은 수를 써넣으시오. (1~8)

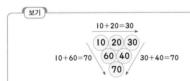

보기
10+20=30
10 20 30
10+60=70 60 40 30+40=70
70

1
```
13 21 34
 45 24
  58
```

2
```
32 22 54
 64 42
  96
```

3
```
42 23 65
 55 32
  97
```

4
```
35 13 48
 54 41
  89
```

5
```
35 21 56
 63 42
  98
```

6
```
22 34 56
 57 23
  79
```

7
```
23 34 57
 64 30
  87
```

8
```
42 31 73
 57 26
  99
```

9 다음 식에서 ♥는 얼마인지 구하시오. (단, 같은 모양은 같은 수를 나타냅니다.)

13+■=37 ■+△=56 △+16=♥

♥= 48

10 다음 식에서 ■는 얼마인지 구하시오. (단, 같은 모양은 같은 수를 나타냅니다.)

♥+♥=44 △+♥=68 ■+■=△

■= 23

11 다음 식에서 △는 얼마인지 구하시오. (단, 같은 모양은 같은 수를 나타냅니다.)

21+32=■ 13+■=♥ △+△=♥

△= 33

12 다음 식에서 ●는 얼마인지 구하시오. (단, 같은 모양은 같은 수를 나타냅니다.)

△+13=■ △+△=68 ■+51=●

●= 98

정답

확인 평가

걸린 시간	1~10분	10~15분	15~20분
맞은 개수	36~40개	28~35개	1~27개
평가	참 잘했어요.	잘했어요.	좀더 노력해요.

그림을 보고 계산을 하시오. (1~2)

1

$50+7=$ 57

2

$60+4=$ 64

□ 안에 알맞은 수를 써넣으시오. (3~12)

3 $80+3=$ 83

4 $5+70=$ 75

5 $53+2=$ 55

6 $4+62=$ 66

7
```
  6 0
+   8
  6 8
```

8
```
  7 0
+   2
  7 2
```

9
```
    7
+ 8 0
  8 7
```

10
```
  5 4
+   3
  5 7
```

11
```
  6 2
+   6
  6 8
```

12
```
    5
+ 7 4
  7 9
```

□ 안에 알맞은 수를 써넣으시오. (13~26)

13
```
  5 2
+   4
  5 6
```

14
```
  6 3
+   3
  6 6
```

15
```
  7 5
+   2
  7 7
```

16
```
  2 0
+ 3 0
  5 0
```

17
```
  3 0
+ 4 0
  7 0
```

18
```
  4 0
+ 5 0
  9 0
```

19 $20+40=$ 60

20 $30+50=$ 80

21 $50+20=$ 70

22 $60+30=$ 90

23 $30+20=10+$ 40

24 $50+20=30+$ 40

25 $20+$ 70 $=30+60$

26 $40+$ 40 $=70+10$

확인 평가

□ 안에 알맞은 수를 써넣으시오. (27~40)

27
```
  3 2
+ 4 4
  7 6
```

28
```
  4 5
+ 2 3
  6 8
```

29
```
  5 4
+ 3 4
  8 8
```

30
```
  4 4
+ 2 3
  6 7
```

31
```
  3 3
+ 4 3
  7 6
```

32
```
  5 5
+ 3 4
  8 9
```

33 $25+32=$ 57

34 $34+45=$ 79

35 $53+22=$ 75

36 $64+35=$ 99

37 $43+2$ 4 $=67$

38 $34+4$ 4 $=78$

39 5 2 $+32=84$

40 6 4 $+34=98$

크라운 온라인 평가 응시 방법

 에듀왕닷컴 접속 www.eduwang.com

⬇

메인 상단 메뉴에서 단원평가 클릭

⬇

 단계 및 단원 선택

⬇

 온라인 단원평가 실시(30분 동안 평가 실시)

⬇

크라운 확인

 각 단원평가를 통해 100점을 받으시면 크라운 1개를 드리며, 획득하신 크라운으로 에듀왕 닷컴에서 판매하고 있는 교재 및 서비스를 무료로 구매하실 수 있습니다.

(크라운 1개 – 1000원)

① (몇십)-(몇십) 알아보기(1)

① 일의 자리 숫자 0은 그대로 내려 씁니다.
② 십의 자리 숫자끼리 빼어 십의 자리에 씁니다.

$$5 - 3 = 2$$

```
    5 0
  - 3 0
    2 0
```
5-3=2 ┘ └ 그대로 내려 쓰기

$$5 0 - 3 0 = 2 0$$
5-3=2
일의 자리는 0

🕐 계산을 하시오. (1~9)

1
```
    4 0
  - 2 0
    2 0
```

2
```
    5 0
  - 2 0
    3 0
```

3
```
    7 0
  - 3 0
    4 0
```

4
```
    6 0
  - 3 0
    3 0
```

5
```
    7 0
  - 2 0
    5 0
```

6
```
    8 0
  - 4 0
    4 0
```

7
```
    7 0
  - 1 0
    6 0
```

8
```
    8 0
  - 3 0
    5 0
```

9
```
    9 0
  - 6 0
    3 0
```

걸린 시간	1~5분	5~8분	8~10분
맞은 개수	27~29개	21~26개	1~20개
평가	참 잘했어요.	잘했어요.	좀더 노력해요.

🕐 계산을 하시오. (10~29)

10 $50 - 40 = 10$
11 $70 - 50 = 20$
12 $40 - 10 = 30$
13 $80 - 10 = 70$
14 $60 - 40 = 20$
15 $90 - 50 = 40$
16 $60 - 50 = 10$
17 $40 - 30 = 10$
18 $90 - 20 = 70$
19 $50 - 10 = 40$
20 $80 - 50 = 30$
21 $90 - 40 = 50$
22 $70 - 60 = 10$
23 $60 - 10 = 50$
24 $80 - 60 = 20$
25 $90 - 80 = 10$
26 $60 - 20 = 40$
27 $70 - 40 = 30$
28 $80 - 70 = 10$
29 $90 - 70 = 20$

① (몇십)-(몇십) 알아보기(2)

🕐 계산을 하시오. (1~15)

1
```
    2 0
  - 1 0
    1 0
```

2
```
    3 0
  - 2 0
    1 0
```

3
```
    4 0
  - 2 0
    2 0
```

4
```
    5 0
  - 2 0
    3 0
```

5
```
    6 0
  - 1 0
    5 0
```

6
```
    7 0
  - 5 0
    2 0
```

7
```
    8 0
  - 2 0
    6 0
```

8
```
    9 0
  - 6 0
    3 0
```

9
```
    3 0
  - 1 0
    2 0
```

10
```
    4 0
  - 3 0
    1 0
```

11
```
    5 0
  - 4 0
    1 0
```

12
```
    6 0
  - 2 0
    4 0
```

13
```
    7 0
  - 1 0
    6 0
```

14
```
    8 0
  - 5 0
    3 0
```

15
```
    9 0
  - 7 0
    2 0
```

걸린 시간	1~5분	5~7분	7~10분
맞은 개수	32~35개	25~31개	1~24개
평가	참 잘했어요.	잘했어요.	좀더 노력해요.

🕐 계산을 하시오. (16~35)

16 $40 - 10 = 30$
17 $50 - 10 = 40$
18 $50 - 30 = 20$
19 $60 - 30 = 30$
20 $60 - 40 = 20$
21 $60 - 50 = 10$
22 $70 - 20 = 50$
23 $80 - 10 = 70$
24 $90 - 20 = 70$
25 $70 - 30 = 40$
26 $80 - 30 = 50$
27 $90 - 30 = 60$
28 $70 - 40 = 30$
29 $80 - 40 = 40$
30 $90 - 40 = 50$
31 $70 - 60 = 10$
32 $80 - 60 = 20$
33 $90 - 50 = 40$
34 $80 - 70 = 10$
35 $90 - 10 = 80$

1 (몇십)-(몇십) 알아보기(3)

월 일

□ 안에 알맞은 수를 써넣으시오. (1~10)

걸린 시간	1~4분	4~6분	6~8분
맞은 개수	20~22개	15~19개	1~14개
평가	참 잘했어요.	잘했어요.	좀더 노력해요.

계산은 빠르고 정확하게!

1 30 → −10 → 20

2 40 → −20 → 20

3 50 → −20 → 30

4 60 → −40 → 20

5 80 → −30 → 50

6 80 → −50 → 30

7 70 → −30 → 40

8 60 → −50 → 10

9 90 → −70 → 20

10 50 → −40 → 10

□ 안에 알맞은 수를 써넣으시오. (11~22)

11 80 → −10 → 70

12 70 → −60 → 10

13 60 → −20 → 40

14 90 → −40 → 50

15 80 → −20 → 60

16 90 → −20 → 70

17 70 → −50 → 20

18 90 → −60 → 30

19 80 → −40 → 40

20 70 → −10 → 60

21 60 → −30 → 30

22 90 → −50 → 40

1 (몇십)-(몇십) 알아보기(4)

월 일

□ 안에 알맞은 수를 써넣으시오. (1~20)

걸린 시간	1~10분	10~14분	14~18분
맞은 개수	36~40개	28~35개	1~27개
평가	참 잘했어요.	잘했어요.	좀더 노력해요.

계산은 빠르고 정확하게!

1 40−20=70−[50]

2 50−40=40−[30]

3 30−20=50−[40]

4 60−30=80−[50]

5 50−30=70−[50]

6 70−40=50−[20]

7 60−50=40−[30]

8 80−20=70−[10]

9 50−10=80−[40]

10 70−50=40−[20]

11 80−50=50−[20]

12 90−60=70−[40]

13 60−10=90−[40]

14 70−20=90−[40]

15 80−30=60−[10]

16 90−50=80−[40]

17 60−20=90−[50]

18 70−30=80−[40]

19 80−70=50−[40]

20 90−40=70−[20]

□ 안에 알맞은 수를 써넣으시오. (21~40)

21 20+30=70−[20]

22 10+20=60−[30]

23 30+10=60−[20]

24 50+10=80−[20]

25 30+20=80−[30]

26 40+20=90−[30]

27 30+30=70−[10]

28 50+20=90−[20]

29 40+30=80−[10]

30 40+40=90−[10]

31 50+30=90−[10]

32 30+40=90−[20]

33 20+50=80−[10]

34 20+40=80−[20]

35 30+30=90−[30]

36 40+10=70−[20]

37 50+10=90−[30]

38 20+30=60−[10]

39 10+30=80−[40]

40 10+70=90−[10]

2 (몇십몇)-(몇) 알아보기(1)

① 일의 자리 숫자끼리 빼어 일의 자리에 씁니다.
② 십의 자리 숫자는 그대로 내려 씁니다.

그대로 쓰기

$47 - 5 = 42$

그대로 내려 쓰기 → ← 7-5=2   7-5=2

계산은 빠르고 정확하게!

걸린 시간	1~5분	5~8분	8~분
맞은 개수	27~29개	20~26개	1~19개
평가	참 잘했어요.	잘했어요.	좀더 노력해요.

🕐 계산을 하시오. (1~9)

1
```
  3 6
-   4
  3 2
```

2
```
  5 7
-   5
  5 2
```

3
```
  4 9
-   5
  4 4
```

4
```
  6 3
-   2
  6 1
```

5
```
  5 8
-   4
  5 4
```

6
```
  8 7
-   5
  8 2
```

7
```
  6 9
-   4
  6 5
```

8
```
  7 7
-   3
  7 4
```

9
```
  9 5
-   3
  9 2
```

🕐 계산을 하시오. (10~29)

10 $3\ 9 - 5 = 3\ 4$

11 $5\ 7 - 4 = 5\ 3$

12 $7\ 6 - 5 = 7\ 1$

13 $6\ 3 - 2 = 6\ 1$

14 $4\ 3 - 2 = 4\ 1$

15 $7\ 7 - 5 = 7\ 2$

16 $6\ 9 - 7 = 6\ 2$

17 $5\ 9 - 6 = 5\ 3$

18 $5\ 4 - 2 = 5\ 2$

19 $6\ 8 - 3 = 6\ 5$

20 $6\ 6 - 3 = 6\ 3$

21 $6\ 7 - 2 = 6\ 5$

22 $7\ 5 - 3 = 7\ 2$

23 $8\ 9 - 7 = 8\ 2$

24 $9\ 9 - 4 = 9\ 5$

25 $9\ 4 - 2 = 9\ 2$

26 $5\ 6 - 3 = 5\ 3$

27 $6\ 5 - 2 = 6\ 3$

28 $7\ 6 - 4 = 7\ 2$

29 $8\ 8 - 5 = 8\ 3$

2 (몇십몇)-(몇) 알아보기(2)

계산은 빠르고 정확하게!

걸린 시간	1~6분	6~8분	8~10분
맞은 개수	32~35개	25~31개	1~24개
평가	참 잘했어요.	잘했어요.	좀더 노력해요.

🕐 계산을 하시오. (1~15)

1
```
  2 7
-   5
  2 2
```

2
```
  3 6
-   4
  3 2
```

3
```
  4 5
-   2
  4 3
```

4
```
  5 4
-   3
  5 1
```

5
```
  6 3
-   1
  6 2
```

6
```
  7 9
-   2
  7 7
```

7
```
  8 4
-   3
  8 1
```

8
```
  7 5
-   4
  7 1
```

9
```
  6 6
-   2
  6 4
```

10
```
  5 8
-   6
  5 2
```

11
```
  4 9
-   5
  4 4
```

12
```
  3 7
-   6
  3 1
```

13
```
  7 7
-   5
  7 2
```

14
```
  8 7
-   3
  8 4
```

15
```
  9 8
-   6
  9 2
```

🕐 계산을 하시오. (16~35)

16 $34-3=\boxed{31}$

17 $46-3=\boxed{43}$

18 $55-3=\boxed{52}$

19 $64-2=\boxed{62}$

20 $78-5=\boxed{73}$

21 $85-4=\boxed{81}$

22 $76-4=\boxed{72}$

23 $68-2=\boxed{66}$

24 $59-6=\boxed{53}$

25 $49-7=\boxed{42}$

26 $37-5=\boxed{32}$

27 $78-5=\boxed{73}$

28 $88-7=\boxed{81}$

29 $98-2=\boxed{96}$

30 $29-3=\boxed{26}$

31 $35-4=\boxed{31}$

32 $66-4=\boxed{62}$

33 $79-7=\boxed{72}$

34 $85-3=\boxed{82}$

35 $96-3=\boxed{93}$

2 (몇십몇)-(몇) 알아보기(3)

월 일

계산은 빠르고 정확하게!

걸린 시간	1~4분	4~6분	6~8분
맞은 개수	20~22개	15~19개	1~14개
평가	참 잘했어요.	잘했어요.	좀더 노력해요.

□ 안에 알맞은 수를 써넣으시오. (1~10)

1 19 → −4 → 15

2 23 → −1 → 22

3 27 → −5 → 22

4 36 → −5 → 31

5 38 → −5 → 33

6 43 → −2 → 41

7 48 → −4 → 44

8 55 → −2 → 53

9 57 → −6 → 51

10 63 → −3 → 60

□ 안에 알맞은 수를 써넣으시오. (11~22)

11 67 → −6 → 61

12 75 → −3 → 72

13 78 → −7 → 71

14 87 → −2 → 85

15 86 → −4 → 82

16 95 → −1 → 94

17 68 → −3 → 65

18 79 → −6 → 73

19 86 → −2 → 84

20 97 → −5 → 92

21 59 → −4 → 55

22 78 → −6 → 72

2 (몇십몇)-(몇) 알아보기(4)

월 일

계산은 빠르고 정확하게!

걸린 시간	1~8분	8~12분	12~16분
맞은 개수	32~35개	25~31개	1~24개
평가	참 잘했어요.	잘했어요.	좀더 노력해요.

□ 안에 알맞은 수를 써넣으시오. (1~15)

1
```
  3 5
-   3
  3 2
```

2
```
  4 8
-   4
  4 4
```

3
```
  5 8
-   5
  5 3
```

4
```
  2 7
-   4
  2 3
```

5
```
  3 7
-   5
  3 2
```

6
```
  4 6
-   6
  4 0
```

7
```
  5 6
-   1
  5 5
```

8
```
  6 7
-   3
  6 4
```

9
```
  7 8
-   6
  7 2
```

10
```
  7 5
-   4
  7 1
```

11
```
  8 6
-   3
  8 3
```

12
```
  9 9
-   8
  9 1
```

13
```
  6 3
-   2
  6 1
```

14
```
  7 5
-   2
  7 3
```

15
```
  8 7
-   6
  8 1
```

□ 안에 알맞은 수를 써넣으시오. (16~25)

16 5 7 −2=55

17 6 6 −4=62

18 7 9 −5=74

19 8 8 −2=86

20 64− 3 =61

21 76− 4 =72

22 87− 2 =85

23 99− 7 =92

24 58− 7 =51

25 69− 3 =66

□ 안에 알맞은 수를 써넣으시오. (26~35)

26 36−5=37− 6

27 48−2=47− 1

28 57−5=59− 7

29 68−4=65− 1

30 68− 3 =69−4

31 77− 3 =79−5

32 84− 1 =88−5

33 95− 3 =97−5

34 59− 8 =57−6

35 66− 3 =68−5

3 (몇십몇)-(몇십) 알아보기(1)

월 일

① 일의 자리 숫자끼리 빼어 일의 자리에 씁니다.
② 십의 자리 숫자끼리 빼어 십의 자리에 씁니다.

십	일
6	5
− 2	0
4	5

6−2=4   5−0=5

6−2=4
$65 - 20 = 45$
5−0=5

계산은 빠르고 정확하게!

걸린 시간	1~6분	6~8분	8~10분
맞은 개수	27~29개	20~26개	1~19개
평가	참 잘했어요.	잘했어요.	좀더 노력해요.

⏰ 계산을 하시오. (1 ~ 9)

1
```
  3 4
− 1 0
  2 4
```

2
```
  6 2
− 3 0
  3 2
```

3
```
  7 7
− 2 0
  5 7
```

4
```
  4 8
− 2 0
  2 8
```

5
```
  5 5
− 3 0
  2 5
```

6
```
  8 4
− 5 0
  3 4
```

7
```
  9 8
− 6 0
  3 8
```

8
```
  8 1
− 4 0
  4 1
```

9
```
  9 6
− 8 0
  1 6
```

⏰ 계산을 하시오. (10 ~ 29)

10 $57 - 20 = 37$

11 $74 - 30 = 44$

12 $62 - 40 = 22$

13 $85 - 30 = 55$

14 $43 - 10 = 33$

15 $45 - 20 = 25$

16 $74 - 20 = 54$

17 $66 - 30 = 36$

18 $61 - 40 = 21$

19 $88 - 20 = 68$

20 $47 - 30 = 17$

21 $52 - 30 = 22$

22 $82 - 40 = 42$

23 $91 - 30 = 61$

24 $78 - 50 = 28$

25 $69 - 20 = 49$

26 $66 - 50 = 16$

27 $72 - 60 = 12$

28 $83 - 70 = 13$

29 $96 - 60 = 36$

3 (몇십몇)-(몇십) 알아보기(2)

월 일

⏰ 계산을 하시오. (1 ~ 15)

1
```
  2 5
− 1 0
  1 5
```

2
```
  3 4
− 2 0
  1 4
```

3
```
  4 5
− 1 0
  3 5
```

4
```
  5 6
− 2 0
  3 6
```

5
```
  6 3
− 1 0
  5 3
```

6
```
  7 2
− 3 0
  4 2
```

7
```
  8 6
− 4 0
  4 6
```

8
```
  9 1
− 6 0
  3 1
```

9
```
  6 7
− 2 0
  4 7
```

10
```
  7 5
− 2 0
  5 5
```

11
```
  8 3
− 6 0
  2 3
```

12
```
  9 4
− 5 0
  4 4
```

13
```
  9 7
− 8 0
  1 7
```

14
```
  8 8
− 3 0
  5 8
```

15
```
  7 9
− 4 0
  3 9
```

계산은 빠르고 정확하게!

걸린 시간	1~7분	7~10분	10~15분
맞은 개수	32~35개	26~31개	1~25개
평가	참 잘했어요.	잘했어요.	좀더 노력해요.

⏰ 계산을 하시오. (16 ~ 35)

16 53−30= 23

17 46−10= 36

18 68−20= 48

19 74−60= 14

20 39−10= 29

21 82−20= 62

22 95−70= 25

23 57−40= 17

24 61−30= 31

25 75−50= 25

26 84−40= 44

27 93−30= 63

28 48−30= 18

29 52−20= 32

30 65−50= 15

31 77−20= 57

32 89−60= 29

33 92−70= 22

34 74−50= 24

35 87−40= 47

3 (몇십몇)-(몇십) 알아보기(3)

학습 날짜 월 일

⏰ □ 안에 알맞은 수를 써넣으시오. (1~10)

1 49 → -20 → 29

2 54 → -30 → 24

3 61 → -30 → 31

4 75 → -40 → 35

5 87 → -50 → 37

6 98 → -60 → 38

7 45 → -10 → 35

8 81 → -50 → 31

9 37 → -30 → 7

10 82 → -40 → 42

계산은 빠르고 정확하게!

걸린 시간	1~5분	5~8분	8~10분
맞은 개수	20~22개	15~19개	1~14개
평가	참 잘했어요.	잘했어요.	좀더 노력해요.

⏰ □ 안에 알맞은 수를 써넣으시오. (11~22)

11 77 → -20 → 57

12 85 → -30 → 55

13 73 → -30 → 43

14 68 → -40 → 28

15 86 → -40 → 46

16 95 → -50 → 45

17 74 → -50 → 24

18 93 → -60 → 33

19 95 → -70 → 25

20 97 → -40 → 57

21 98 → -30 → 68

22 99 → -20 → 79

3 (몇십몇)-(몇십) 알아보기(4)

학습 날짜 월 일

⏰ □ 안에 알맞은 수를 써넣으시오. (1~15)

1
```
  3 6
- 1 0
─────
  2 6
```

2
```
  4 4
- 3 0
─────
  1 4
```

3
```
  5 6
- 1 0
─────
  4 6
```

4
```
  6 2
- 2 0
─────
  4 2
```

5
```
  7 5
- 1 0
─────
  6 5
```

6
```
  8 3
- 4 0
─────
  4 3
```

7
```
  7 1
- 3 0
─────
  4 1
```

8
```
  6 7
- 4 0
─────
  2 7
```

9
```
  9 9
- 2 0
─────
  7 9
```

10
```
  7 8
- 5 0
─────
  2 8
```

11
```
  6 3
- 2 0
─────
  4 3
```

12
```
  8 5
- 6 0
─────
  2 5
```

13
```
  9 7
- 1 0
─────
  8 7
```

14
```
  8 4
- 2 0
─────
  6 4
```

15
```
  7 8
- 5 0
─────
  2 8
```

계산은 빠르고 정확하게!

걸린 시간	1~10분	10~12분	12~15분
맞은 개수	32~35개	25~31개	1~24개
평가	참 잘했어요.	잘했어요.	좀더 노력해요.

⏰ □ 안에 알맞은 수를 써넣으시오. (16~35)

16 46- 20 =26

17 54- 40 =14

18 57- 10 =47

19 63- 30 =33

20 72- 60 =12

21 78- 20 =58

22 83- 30 =53

23 86- 60 =26

24 92- 20 =72

25 97- 60 =37

26 57 -20=37

27 54 -30=24

28 94 -40=54

29 82 -50=32

30 83 -60=23

31 89 -70=19

32 75 -10=65

33 81 -30=51

34 78 -50=28

35 93 -80=13

4 (몇십몇)-(몇십몇) 알아보기(1)

학습 날짜 월 일

① 일의 자리 숫자끼리 빼어 일의 자리에 씁니다.
② 십의 자리 숫자끼리 빼어 십의 자리에 씁니다.

```
   4 5
 - 2 3
   2 2
```
4-2=2 ↤ ↥ 5-3=2

4 5 − 2 3 = 2 2
4-2=2
5-3=2

계산은 바르고 정확하게!

걸린 시간	1~6분	6~8분	8~10분
맞은 개수	27~29개	20~26개	1~19개
평가	참 잘했어요.	잘했어요.	좀더 노력해요.

⏰ 계산을 하시오. (1~9)

1
```
   3 8
 - 2 6
   1 2
```

2
```
   4 3
 - 2 1
   2 2
```

3
```
   5 5
 - 2 3
   3 2
```

4
```
   4 9
 - 1 6
   3 3
```

5
```
   5 7
 - 2 5
   3 2
```

6
```
   6 4
 - 3 4
   3 0
```

7
```
   6 7
 - 2 6
   4 1
```

8
```
   7 8
 - 3 2
   4 6
```

9
```
   8 9
 - 2 8
   6 1
```

⏰ 계산을 하시오. (10~29)

10 5 4 − 1 2 = 4 2

11 4 6 − 2 1 = 2 5

12 6 5 − 3 1 = 3 4

13 8 6 − 6 3 = 2 3

14 7 5 − 4 2 = 3 3

15 9 9 − 4 1 = 5 8

16 6 7 − 4 1 = 2 6

17 4 6 − 3 1 = 1 5

18 7 6 − 1 3 = 6 3

19 5 7 − 4 4 = 1 3

20 8 9 − 5 2 = 3 7

21 9 6 − 5 3 = 4 3

22 7 9 − 3 3 = 4 6

23 6 8 − 1 3 = 5 5

24 8 6 − 4 1 = 4 5

25 9 8 − 8 2 = 1 6

26 7 4 − 5 2 = 2 2

27 8 3 − 4 2 = 4 1

28 9 8 − 2 3 = 7 5

29 7 9 − 3 5 = 4 4

---

4 (몇십몇)-(몇십몇) 알아보기(2)

학습 날짜 월 일

계산은 바르고 정확하게!

걸린 시간	1~7분	7~10분	10~15분
맞은 개수	32~35개	25~31개	1~24개
평가	참 잘했어요.	잘했어요.	좀더 노력해요.

⏰ 계산을 하시오. (1~15)

1
```
   2 6
 - 1 2
   1 4
```

2
```
   3 8
 - 1 5
   2 3
```

3
```
   4 5
 - 2 4
   2 1
```

4
```
   3 7
 - 2 2
   1 5
```

5
```
   4 6
 - 1 3
   3 3
```

6
```
   5 7
 - 4 3
   1 4
```

7
```
   4 8
 - 2 5
   2 3
```

8
```
   5 9
 - 1 7
   4 2
```

9
```
   6 5
 - 3 1
   3 4
```

10
```
   5 6
 - 1 3
   4 3
```

11
```
   6 8
 - 2 6
   4 2
```

12
```
   7 4
 - 3 3
   4 1
```

13
```
   7 5
 - 5 2
   2 3
```

14
```
   8 7
 - 6 3
   2 4
```

15
```
   9 9
 - 2 4
   7 5
```

⏰ 계산을 하시오. (16~35)

16 43−22= 21

17 54−31= 23

18 56−24= 32

19 63−12= 51

20 67−33= 34

21 75−21= 54

22 77−34= 43

23 84−23= 61

24 88−25= 63

25 93−52= 41

26 98−46= 52

27 65−44= 21

28 74−51= 23

29 86−32= 54

30 95−24= 71

31 58−17= 41

32 64−23= 41

33 78−13= 65

34 89−53= 36

35 96−25= 71

정답

4 (몇십몇)-(몇십몇) 알아보기(3)

월 일

걸린 시간	1~5분	5~8분	8~10분
맞은 개수	18~20개	14~17개	1~13개
평가	참 잘했어요.	잘했어요.	좀더 노력해요.

□ 안에 알맞은 수를 써넣으시오. (1~10)

1 28 → −13 → 15

2 37 → −15 → 22

3 84 → −52 → 32

4 59 → −36 → 23

5 67 → −41 → 26

6 75 → −21 → 54

7 86 → −42 → 44

8 94 → −74 → 20

9 26 → −15 → 11

10 39 → −21 → 18

빈 곳에 알맞은 수를 써넣으시오. (11~20)

11 75 → −12 → 63

12 78 → −23 → 55

13 83 → −21 → 62

14 89 → −24 → 65

15 94 → −33 → 61

16 96 → −32 → 64

17 68 → −13 → 55

18 77 → −42 → 35

19 86 → −32 → 54

20 99 → −35 → 64

4 (몇십몇)-(몇십몇) 알아보기(4)

월 일

걸린 시간	1~10분	10~12분	12~16분
맞은 개수	27~30개	21~26개	1~20개
평가	참 잘했어요.	잘했어요.	좀더 노력해요.

□ 안에 알맞은 수를 써넣으시오. (1~15)

1
```
  3 5
- 2 3
-----
  1 2
```

2
```
  4 8
- 3 5
-----
  1 3
```

3
```
  5 9
- 2 3
-----
  3 6
```

4
```
  4 6
- 2 1
-----
  2 5
```

5
```
  5 5
- 1 1
-----
  4 4
```

6
```
  6 4
- 2 3
-----
  4 1
```

7
```
  7 4
- 2 1
-----
  5 3
```

8
```
  7 7
- 1 2
-----
  6 5
```

9
```
  8 9
- 3 4
-----
  5 5
```

10
```
  6 4
- 2 2
-----
  4 2
```

11
```
  7 5
- 2 4
-----
  5 1
```

12
```
  8 6
- 4 2
-----
  4 4
```

13
```
  7 6
- 2 4
-----
  5 2
```

14
```
  4 7
- 1 3
-----
  3 4
```

15
```
  7 9
- 2 8
-----
  5 1
```

□ 안에 알맞은 수를 써넣으시오. (16~30)

16
```
  5 6
- 3 2
-----
  2 4
```

17
```
  6 5
- 3 3
-----
  3 2
```

18
```
  7 7
- 3 4
-----
  4 3
```

19
```
  7 8
- 5 5
-----
  2 3
```

20
```
  8 8
- 4 6
-----
  4 2
```

21
```
  9 9
- 4 7
-----
  5 2
```

22
```
  5 6
- 2 4
-----
  3 2
```

23
```
  5 7
- 3 2
-----
  2 5
```

24
```
  6 8
- 4 5
-----
  2 3
```

25
```
  8 7
- 3 5
-----
  5 2
```

26
```
  8 4
- 1 2
-----
  7 2
```

27
```
  7 8
- 2 3
-----
  5 5
```

28
```
  5 9
- 4 4
-----
  1 5
```

29
```
  7 9
- 3 2
-----
  4 7
```

30
```
  8 6
- 3 3
-----
  5 3
```

5 신기한 연산(1)

걸린 시간	1~10분	10~15분	15~20분
맞은 개수	13~14개	10~12개	1~9개
평가	참 잘했어요.	잘했어요.	좀더 노력해요.

🕐 빈 곳에 알맞은 수를 써넣으시오. (1 ~ 8)

1
67	45	22
36	23	13
31	22	

2
78	65	13
54	32	22
24	33	

3
89	64	25
48	32	16
41	32	

4
96	54	42
65	21	44
31	33	

5
58	44	14
46	11	35
12	33	

6
66	64	2
53	42	11
13	22	

7
89	55	34
36	12	24
53	43	

8
98	65	33
44	14	30
54	51	

🕐 선의 양 끝에 있는 두 수의 차를 구하여 가운데 ☐ 안에 써넣으시오. (9 ~ 14)

9 78 / 58 · 28 / 20 — 30 — 50

10 32 / 22 · 43 / 54 — 21 — 75

11 84 / 44 · 22 / 40 — 22 — 62

12 69 / 24 · 49 / 45 — 25 — 20

13 94 / 72 · 60 / 22 — 12 — 34

14 89 / 33 · 57 / 56 — 24 — 32

---

5 신기한 연산(2)

걸린 시간	1~10분	10~12분	12~15분
맞은 개수	6~7개	4~5개	1~3개
평가	참 잘했어요.	잘했어요.	좀더 노력해요.

🕐 보기 와 같이 주어진 뺄셈식을 만족하는 경우는 여러 가지가 있습니다. 이와 같은 방법으로 여러 가지 뺄셈식을 만들어 보시오. (1 ~ 4)

보기

```
  가 8          9 8     8 8     7 8   가와 나의 차가
-  나 4    ⇒   - 3 4   - 2 4   - 1 4   6인 경우를 찾아
  6 4          6 4     6 4     6 4   뺄셈식을 만듭니다.
```

1
```
  9 5        8 5
- 2 3      - 1 3
  7 2        7 2
```

2
```
  9 6        8 6        7 6
- 3 2      - 2 2      - 1 2
  6 4        6 4        6 4
```

3
```
  9 8        8 8        7 8        6 8
- 4 3      - 3 3      - 2 3      - 1 3
  5 5        5 5        5 5        5 5
```

4
```
  9 7      8 7      7 7      6 7      5 7
- 5 4    - 4 4    - 3 4    - 2 4    - 1 4
  4 3      4 3      4 3      4 3      4 3
```

🕐 보기 와 같이 주어진 뺄셈식을 만족하는 경우는 여러 가지가 있습니다. 이와 같은 방법으로 여러 가지 뺄셈식을 만들어 보시오. (5 ~ 7)

보기

```
  6 가          6 9     6 8     6 7   가와 나의 차가
- 2 나    ⇒   - 2 2   - 2 1   - 2 0   7인 경우를
  4 7          4 7     4 7     4 7   찾습니다.
```

5
```
  9 9      9 8      9 7      9 6
- 3 3    - 3 2    - 3 1    - 3 0
  6 6      6 6      6 6      6 6
```

6
```
  7 9      7 8      7 7      7 6
- 5 7    - 5 6    - 5 5    - 5 4
  2 2      2 2      2 2      2 2

  7 5      7 4      7 3      7 2
- 5 3    - 5 2    - 5 1    - 5 0
  2 2      2 2      2 2      2 2
```

7
```
  6 9      6 8      6 7      6 6
- 3 6    - 3 5    - 3 4    - 3 3
  3 3      3 3      3 3      3 3

  6 5      6 4      6 3
- 3 2    - 3 1    - 3 0
  3 3      3 3      3 3
```

 확인 평가

걸린 시간	1~15분	15~17분	17~20분
맞은 개수	44~49개	34~43개	1~33개
평가	참 잘했어요	잘했어요	좀더 노력해요

⏰ 계산을 하시오. (1~17)

1
```
   3 0
-  1 0
-----
   2 0
```

2
```
   5 0
-  4 0
-----
   1 0
```

3
```
   9 0
-  7 0
-----
   2 0
```

4
```
   5 6
-    4
-----
   5 2
```

5
```
   6 3
-    3
-----
   6 0
```

6
```
   8 9
-    4
-----
   8 5
```

7
```
   4 8
-    4
-----
   4 4
```

8
```
   7 6
-    5
-----
   7 1
```

9
```
   9 7
-    3
-----
   9 4
```

10 40−30= 10

11 70−50= 20

12 80−50= 30

13 90−60= 30

14 57−5= 52

15 78−4= 74

16 86−3= 83

17 69−7= 62

⏰ 계산을 하시오. (18~34)

18
```
   3 5
-  2 0
-----
   1 5
```

19
```
   4 7
-  1 0
-----
   3 7
```

20
```
   8 6
-  5 0
-----
   3 6
```

21
```
   3 4
-  2 1
-----
   1 3
```

22
```
   5 6
-  2 3
-----
   3 3
```

23
```
   6 5
-  1 4
-----
   5 1
```

24
```
   7 7
-  4 5
-----
   3 2
```

25
```
   8 9
-  3 2
-----
   5 7
```

26
```
   9 7
-  3 6
-----
   6 1
```

27 42−30= 12

28 56−10= 46

29 64−20= 44

30 78−50= 28

31 58−32= 26

32 76−43= 33

33 87−25= 62

34 95−24= 71

 확인 평가

⏰ □ 안에 알맞은 수를 써넣으시오. (35~49)

35
```
   3 8
-  1 0
-----
   2 8
```

36
```
   5 3
-  3 0
-----
   2 3
```

37
```
   8 7
-  7 0
-----
   1 7
```

38
```
   4 5
-  1 3
-----
   3 2
```

39
```
   5 6
-  4 2
-----
   1 4
```

40
```
   7 8
-  1 2
-----
   6 6
```

41
```
   6 4
-  1 3
-----
   5 1
```

42
```
   7 9
-  1 7
-----
   6 2
```

43
```
   9 8
-  1 5
-----
   8 3
```

44
```
   5 4
-  3 3
-----
   2 1
```

45
```
   7 6
-  2 5
-----
   5 1
```

46
```
   8 5
-  2 4
-----
   6 1
```

47
```
   4 9
-  1 5
-----
   3 4
```

48
```
   6 6
-  2 4
-----
   4 2
```

49
```
   8 7
-  5 2
-----
   3 5
```

👑 크라운 온라인 평가 응시 방법

에듀왕닷컴 접속 www.eduwang.com

⊗

메인 상단 메뉴에서 단원평가 클릭

⊗

단계 및 단원 선택

⊗

온라인 단원평가 실시(30분 동안 평가 실시)

⊗

크라운 확인

🐰 각 단원평가를 통해 100점을 받으시면 크라운 1개를 드리며, 획득하신 크라운으로 에듀왕 닷컴에서 판매하고 있는 교재 및 서비스를 무료로 구매하실 수 있습니다.

(크라운 1개 – 1000원)

초등 수학의 기본은 연산력!!

신기한
연산왕

A-3 초1 수준 **정답**